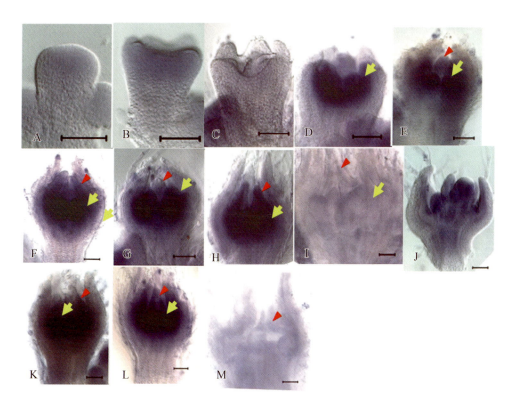

图 2-6-1　黄瓜各个时期雌雄花的整体原位杂交检测 CsMADS1 的表达模式

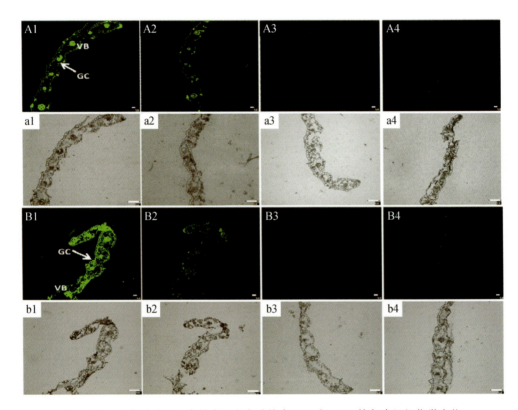

图 2-9-2 干旱胁迫和正常供水下小麦叶片中 IAA 和 ABA 的免疫组织化学定位

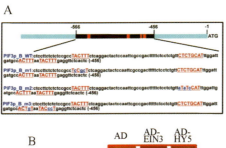
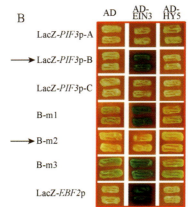

图 3-3-1 （A）用作酵母单杂交的 PIF3 启动子区序列；（B）A 图中的序列用于酵母单杂交试验

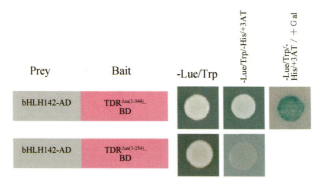

图 3-4-2 实验结果是水稻中的蛋白 bHLH142 和 TDR(部分截断以去除 TDR 蛋白的自激活)以及 bHLH142 与 EAT1(部分截断以去除 EAT1 蛋白的自激活)的酵母双杂交结果

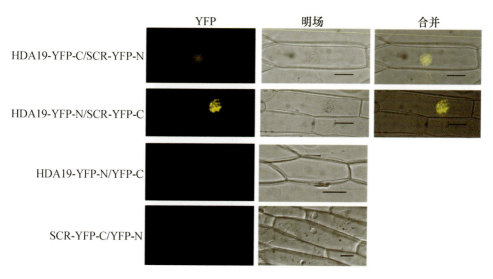

图 3-6-1　BiFC 验证 HDA19 和 SCR 蛋白之间的相互作用

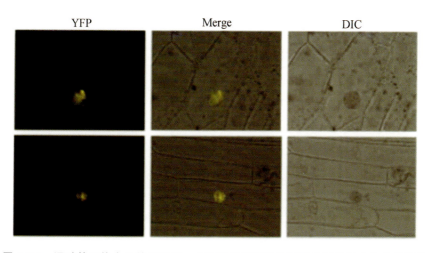

图 4-5-1　通过基因枪介导转化法将一个在细胞核表达的基因注射进洋葱表皮的结果

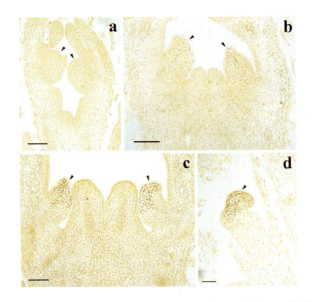

图 4-6-1 利用 DAB 染色方法检测黄瓜雌花雄蕊中的 DNA 片段化

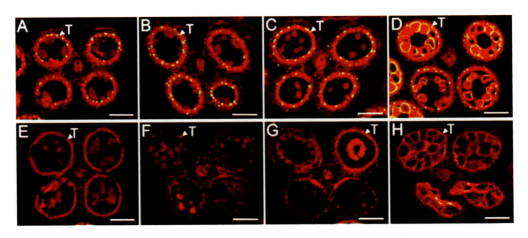

图 4-6-2 利用荧光检测野生型水稻和 tdr 突变体中的 DNA 片段化

植物发育生物学常用实验技术

王东辉 主编

图书在版编目(CIP)数据

植物发育生物学常用实验技术/王东辉主编. —北京：北京大学出版社，2017.5
ISBN 978-7-301-28202-1

Ⅰ. ①植… Ⅱ. ①王… Ⅲ. ①植物—发育生物学—实验 Ⅳ. ①Q945.4—33

中国版本图书馆 CIP 数据核字（2017）第 063213 号

书　　　名	植物发育生物学常用实验技术 ZHIWU FAYU SHENGWUXUE CHANGYONG SHIYAN JISHU
著作责任者	王东辉　主编
责任编辑	黄　炜
标准书号	ISBN 978-7-301-28202-1
出版发行	北京大学出版社
地　　　址	北京市海淀区成府路 205 号　100871
网　　　址	http://www.pup.cn　　新浪微博：@北京大学出版社
电子信箱	zpup@pup.cn
电　　　话	邮购部 62752015　发行部 62750672　编辑部 62754271
印 刷 者	三河市博文印刷有限公司
经 销 者	新华书店
	720 毫米×980 毫米　16 开本　8.5 印张　彩插 3　180 千字 2017 年 5 月第 1 版　2017 年 5 月第 1 次印刷
定　　　价	20.00 元

未经许可，不得以任何方式复制或抄袭本书之部分或全部内容。
版权所有，侵权必究
举报电话：010-62752024　电子信箱：fd@pup.pku.edu.cn
图书如有印装质量问题，请与出版部联系，电话：010-62756370

序　　一

植物发育生物学是一门实验科学,其实验技术和方法的建立是研究植物形态、结构和功能的必备工具。随着分子和细胞生物学的发展及其技术的应用,各学科的交叉和渗透,极大地丰富了植物学实验技术的内容,也促进了植物科学的快速发展。

我们的实验室多年来一直在从事植物发育生物学的研究。本书即以研究生在进行植物发育生物学研究过程中需要使用的实验技术为主体,系统地介绍相关的植物分子生物学和细胞生物学的基本研究技术与方法。全书共分为四章:第一章介绍植物形态观察常用的实验技术:石蜡切片制作、半薄切片和电镜切片的制作等;第二章着重阐述分子生物学相关的检测实验:包括定量检测基因表达量的 qRT-PCR、检测基因表达模式的切片原位杂交和整体原位杂交、蛋白的免疫定位和激素的免疫定位等技术;第三章为植物发育生物学常用的多种互作检测技术:涉及蛋白-蛋白、基因-蛋白互作相关的凝胶阻滞电泳、双分子荧光互补技术及酵母双杂交等技术;第四章阐述了转基因和突变体中常用的检测方法。

现今生命科学的实验技术日新月异,任何一个人,乃至一个实验室要掌握所有的重要技术已近乎不可能,每个人在研究中都有自己常用的技术,也常经历过实验的失败,在实验过程中积累的经验对于新手往往至关重要。本书有以下特点:编写人员大部分为王东辉老师所在的课题组中从事植物发育生物学研究的、已经毕业或在读的博士研究生,所写的实验技术和方法均是他们在科研工作中常用的实验技术,每个实验都有他们在科研过程中积累的精华,正是这些在科研过程中日积月累的小窍门成就了实验的最终成功。特别是王东辉老师,她在原位杂交技术方面经验丰富,并在此基础上与实验室其他人一起发展了植物的整体原位杂交实验技术,针对这两门技术在不到 2 年的时间内已经培训了接近 50 名研究生和科研人员,还有北师大、河南师范大学、中医科学院中药资源中心等大学和科研院所的老师和学生。

本书既可作为生命科学类本、专科生的高级植物发育生物学的实验教材,亦可作为植物发育生物学相关专业研究生和科研人员的科研参考书。

许智宏
2016 年 11 月 22 日于北大燕园

序　二

　　王东辉老师1994年毕业于国内著名的北京师范大学。毕业后，即考取北京大学生命科学学院吴光耀老师的硕士研究生。恰逢赵进东老师回国组建实验室，吴老师为支持年轻人成长，将王东辉转入赵进东老师名下，成为赵老师的学生。硕士毕业后，先是留校在植物生理教研室工作，2001年转入许智宏老师实验室读在职博士研究生。由于我作为许老师的助手，负责实验室日常的研究工作和其他事务，王东辉的博士论文也就成为我负责管理的"黄瓜单性花发育机制"研究课题的一部分。

　　在王东辉做博士论文期间，是我们实验室对黄瓜单性花发育机制研究最困惑的阶段。长期以来，黄瓜单性花的形成机制，被认为是植物性别分化/决定的研究系统。北京大学生物系的曹宗巽先生从20世纪50年代辞去美国大学教职回国之后，就一直以黄瓜为材料开展营养和生殖现象的研究。在60年代发展了茎尖培养体系，在三角瓶中研究激素对黄瓜单性花发育的影响，取得很多有趣的结果，并因此在"文革"期间受到不公平的批判。1996年，许智宏老师在担任中国科学院分管生物和外事的副院长期间，为了推动国内植物生物学的发展，根据国际上植物发育生物学方兴未艾的形势，在国内组织了"攀登计划"项目（后转为973计划）。以植物有性生殖为中心，一方面支持国内比较有基础、成体系的研究工作，另一方面扶持刚回国的年轻人。曹先生的黄瓜单性花工作因在当时被认为涉及植物性别分化这样一个基本的科学问题，同时又有长期的工作基础而在被支持之列。我在1998年进入北京大学生命科学学院工作之后，受许老师的委托，协助曹先生开展黄瓜单性花发育机制的研究。并在2000年曹先生最后一个研究生毕业、且在其80高龄实质性退休之后，承担起黄瓜单性花发育机制研究课题的管理工作。

　　在王东辉进入实验室开始其博士论文工作之前，我们已经完成了黄瓜单性花发育过程的形态学描述，确定单性花在形态学上源自雌、雄蕊原基出现之后，某一类原基发育的停滞；发现停滞发育的原基，无论是雄花的心皮还是雌花的雄蕊，都具有生理上的活性；在雌花雄蕊中观察到的花药原基特异性的DNA损伤。在这种情况下，王东辉的博士论文工作从何入手？最初的策略，是以分离导致雌花雄蕊特异DNA损伤的DNA酶为切入点。她在最初的工作中，的确发现了在雌花雄蕊DNA损伤出现的时期，有组织特异性的DNA酶的酶活。可是，当时的质谱技术还不足以检测相关电泳条带中蛋白组分。因此，这一思路无法继续向前推进。在尝试分离与DNA损伤相关的雄蕊特异细胞凋亡组分的过程中，王东辉独辟蹊径地以黄瓜原生质体为系统，检测了乙烯对细胞凋亡的影响。她在这个工作中的首创性和在实验设计上的周到，给我留下深刻的印象。在她发现乙烯可以诱导黄瓜原生质体的DNA损伤、乙烯信号相关组分出现基因表达改变之后，又结合实验室当时在其他课题中做的原基特异基因表达分析的方法，发现在黄瓜 6 期之后的雌花雄蕊原基中出现了乙烯受体 *CsETR1* 表达的下调。这一发现不仅为解释过去人们发现的外施乙烯可以促进雌花数量的现象提供了一个分子证据；而且还说明，"乙烯促雌"表象之下，我们所能找到的分子证据，首先是"乙烯抑雄"；更重要的是，为实验室有关黄瓜单性花的研究，尤其是雌花雄蕊发育停滞的分子机制研究提供了一个重要的支点。实验室后来发现的 DNA 酶 CsCaN 在转录水平的乙烯诱导和影响雄蕊发育的 B 类基因 *CsAP3* 对 *CsETR1* 的转录调控，都是以王东辉的工作为基础的。不仅如此，这些工作结合对其他植物单性花分子机制的研究结果分析让我最终意识到，单性花是一种促进异交机制，而不是性别分化机制。这一观点向在本领域存在了 80 多年的有关单性花发育机制是植物性别分化机制的观点提出了认真的挑战。

2005 年王东辉博士毕业后，就和我一起分担许老师实验室日常事务的管理工作。我负责研究课题的发展和学生培养，而她负责实验室经费、材料、设备物资等管理。实验室在她的管理下，井井有条。她因此而深得同学的喜爱。我可以一两个月不在实验室而不会影响大家的工作。可是如果她三天不在实验室，那实验室就要开始乱套了。不仅如此，她还发挥自己在做实验方面的天赋，除指导学生学习一些实验技术外，而且在很多关键时刻挺身而出，亲自上阵为大家排忧解难，尤其在很多同学束手无策、谈虎色变的原位杂交实验技术方面独树一帜，很多基因的表达模式到她手上都可以做出漂亮的结果，被大家誉为"仙人掌"。从 2015 年暑假以来，应大家的要求，她开设了植物原位杂交技术课程，先后训练了 46 位同学，受到学院老师和同学的欢迎。

基于过去 20 多年在不同特点实验室以及不同特点的课题中摸爬滚打的历练中所积累的经验，以及对当前植物发育生物学研究中所用技术的复杂性和多样性所带来的研究生迫切需要实验指导的体会，王东辉老师撰写了《植物发育生物学常用实验技术》一书。书中所有的实验她都有第一手的经验，很多图都引自我们实验室过去的实验结果。相信这本书对从事植物发育生物学研究的研究生或者青年教师都具有重要的参考价值。

在与王东辉老师共同协助许老师管理实验室的十多年经历中，我深刻体会到，科学研究作为一种社会行为，和人类其他社会行为一样，早已从一种基于个人兴趣的个体行为，发展成为一种基于团队成员分工协同的社会行为。我曾经分析过，探索性研究工作大致可以分为以下几个环节：选择问题（包括读文献、与同行的不同形式交流等）、制定方案，寻找资源、实施方案、总结分享。在当今社会的主流实验室中，实施方案的环节极少有实验室负责人亲力亲为的，多由研究生或者博士后承担。实验室负责人通常负责上述 5 个环节中的另外 4 个。可是，研究资源争取到之后，怎么管理才能最有效地服务于方案实施？应对研究经费的管理部门的各种检查算不算研究工作的一部分，如果作为实验室负责人的科学家无力承担，谁来承担？现代生物学研究早已进入以问题为导向的工作模式，为了回答问题，会随时选择不同的技术，那么这种技术层面的探索和关联常常超出实验室负责人的学识范围，而让研究生来重新学习常常在时间上也不允许,怎么办?显然,研究资源的管理需要专门的能力和经验;应对各种检查,也需不断跟踪和理解日新月异的管理规章;对相关实验技术的了解与关联,也需要专门的经验。作为实验室负责人的科学家也是人,一天也不过拥有24小时的时间。现代科学研究所要处理的信息量显然已经达到了儒勒·凡尔纳撰写《海底两万里》时所设想的尼莫船长恐怕也无法处理的范围。

没有人否认上述的趋势与问题,可是从管理层面上,似乎也没有人在制度上找到一种合适的方法支持这种分工协同,从而让日趋复杂的研究工作更加有效地运行。近年,在与国际接轨的方针指导下,我们国家在实验室组织管理构架上照搬了美国的系统,选择了PI制,即由一个教授带一批学生。可是在研究资源配置、经费使用监管和技术设备分享等其他管理方面,并没有引进美国的系统。因此对当下的PI而言,不得不花费大量时间应对尚未被"美国化"的管理环节。实在应付不了,只好用研究经费(很多情况下根本没有足够的经费用于此项支出)聘用临时人员参与管理。由于这些临时人员既没有条件也没有义务了解实验室工作的总体情况,常常无法真正融入实验室团队之中,成为团队分工协同的要素之一。在非研究环节的管理尚未被"美国化"的期间,为什么实验方案的实施可以让研究生或博士后来分担,而实验室的资源和技术管理不能由与PI共进退的专职人员来分担呢?

以我们实验室这些年的经验来看,王东辉老师在我们团队运行中发挥了不可或缺的作用。我对她在实验室发展中所作的贡献由衷地感激。可是,她的工作却无法得到应有的认可和尊重。这在我看来,不仅对她不公平,而且反映了我们管理部门观念的陈旧、短视与偏见。客观地讲,经过研究生训练的年轻人未必都适合做PI,有些人就是特别适合做实验室的管理人员。一方面,随着科学研究社会化而出现实验室团队分工协同,出现专职实验室管理人员的需求;另一方面,花费了如此之多的社会资源培养出来的博士中有特别适合从事这一工作的人,现在却因为现行管理体制而无法安心地在这类岗位上工作,不得不流失去做完全不相干的其他工作,或者是因为各种原因留在现行体制内忍气吞声、朝不保夕地做"小媳妇"。为什么不能通过制度的调整,或者用一个时髦的名词,改革,让实际存在的人力资源有效地配置到急需的分工协同岗位上,让纳税人提供的宝贵的研究资源得到更加有效的利用呢?

本来,给一本书做序,无非是为作者评功摆好,希望吸引更多潜在读者的关注。而且,一般写序之人,也多为德高望重或位高权重者。我作为一个和王东辉老师共事多年的普通同事,在业界按现行标准,不过是一个边缘化的平头百姓,为王老师这本非常有分量的书做序,实在有点名不副实,或者狗尾续貂。但一本书有个序,对读者多少总会有所帮助。于是借此机会写点儿真话,希望帮助潜在的读者更好地了解作者;希望以王老师的经历,唤起管理者对研究团队管理体制改革的关注与行动;希望向那些正在实验室管理者或者助理岗位上受到不公正的对待却仍然默默奉献的同行们,表达我由衷的敬意。同时还希望向那些有志于以实验室管理者的角色成为研究团队的一员,参与科学研究的年轻人表达我的个人观点,即这样的工作具有不可替代的重要性,这是科学作为一种职业发展的必然。如同在其他的工作岗位上一样,只要每个人对自己所选择的职业保有一份敬畏之心,全力以赴地以自己的聪明才智创造性地为这一岗位所占有的资源增值,使自己的工作具有不可替代性,一定能在所在团队的科学探索中作出自己不可或缺贡献的同时,得到同事的认可与尊重。期待我的态度能得到读者的共鸣,从而更加珍惜并更好地使用这本书。

白书农
2016 年 11 月

编者说明

本书由王东辉老师主编,参与编写人员有:安丰英,房昱含,郑亚风,王雅萍,蔺亚男,许聪,申立平,宋巍等。具体分工如下:

北大生命科学学院安丰英老师在酵母单杂、CoIP 和蛋白 Western 方面经验丰富,她编写了这三个方面的实验方案;博士后申立平因为在研究过程中大量的使用 CHIP 实验技术,她编写了 CHIP 实验一节;博士研究生房昱含参与了扫描电镜实验的编写;博士研究生王雅萍编写了 Southern 和 Northern 实验;博士研究生蔺亚男长期使用酵母双杂交实验来验证蛋白之间的互作,所以她负责了这个实验的方案;博士研究生郑亚风长期致力于研究 IAA 对植物生殖细胞发育的影响,对激素定位有独特的研究方法;宋巍同学则负责了石蜡切片和透射电镜实验方案;其他实验则由王东辉老师负责完成。

目　　录

第一章　形态观察常用技术方法 (1)
1-1　植物组织石蜡切片的制作 (1)
1-2　植物材料半薄切片 (5)
1-3　透射电子显微镜样品的制备 (9)
1-4　扫描电子显微镜样品制备及观察 (15)

第二章　分子水平的检测技术 (25)
2-1　植物总 RNA 的提取及逆转录 (25)
2-2　全转录组扩增及目的基因表达水平定量检测 (28)
2-3　Southern 杂交 (31)
2-4　Northern 杂交 (37)
2-5　原位杂交 (42)
2-6　整体原位杂交 (48)
2-7　蛋白质印迹法（免疫印迹试验） (53)
2-8　蛋白免疫定位 (57)
2-9　ABA 及 IAA 免疫定位实验 (61)

第三章　蛋白-蛋白、蛋白-基因之间的互作检测技术 (66)
3-1　染色质免疫共沉淀（ChIP） (66)
3-2　GST-pull down 技术分析植物蛋白相互作用 (71)
3-3　酵母单杂交 (76)
3-4　酵母双杂交 (79)
3-5　凝胶阻滞实验 EMSA (83)
3-6　双分子荧光互补技术 (90)
3-7　Co-IP 检测体内蛋白相互作用 (95)

第四章　转基因植株及突变体植株的指标检测 (99)
4-1　T-DNA 插入突变体基因型的鉴定方法 (99)

4-2 PEG 介导的拟南芥和水稻叶肉细胞原生质体转化 …………………… (102)
4-3 植物发育研究中常用的染色方法 ……………………………………… (106)
4-4 拟南芥转基因技术 ……………………………………………………… (109)
4-5 基因枪介导转化法 ……………………………………………………… (112)
4-6 石蜡切片植物组织中 DNA 片段化的 TUNEL 检测 ………………… (116)
4-7 体外磷酸化实验 ………………………………………………………… (120)

第一章 形态观察常用技术方法

1-1 植物组织石蜡切片的制作

【实验目的】

1. 掌握植物组织石蜡切片的制样方法；
2. 学习观察光学显微镜下的细胞形态与结构。

【实验原理】

石蜡切片是生物形态学观察中应用最广泛的技术，样品经过固定后，用乙醇逐级脱水，再用二甲苯取代乙醇进行透明，最后通过浸蜡使样品最终包埋到纯石蜡里，经简单修块后即可进行切片。切出带有样品的蜡带经过后续的脱蜡、复水、染色后，即可使用光学显微镜观察。如果想要长期保存，还可以制成永久切片。

石蜡切片虽然步骤较为烦琐，但原理简单，切片厚度较薄，并且可以连续切片，因此，一直是植物细胞形态学常用的方法。通常良好的制样与染色方法再加上高分辨率的光学显微镜，可以观察到细胞许多细微的结构。

【试剂与器材】

一、试剂

1. 固定液：

（1）FAA 固定液：乙醇 50 mL，冰醋酸 5 mL，37％甲醛溶液（市售福尔马林）10 mL，用水定容至 100 mL。Triton X-100 50 μL，加入 Triton X-100 可以增加渗透性，可根据自己的材料决定是否添加。

（2）卡诺氏（Carnoy's）固定液：无水乙醇与冰醋酸以 3∶1 配制，现配现用。

2. 染液：

（1）1％甲苯胺蓝染液：甲苯胺蓝 1 g，溶于 100 mL 水。

（2）1％番红染液：番红 1 g，溶于 100 mL 80％乙醇。

（3）0.5％固绿染液：固绿 0.5 g，溶于 100 mL 95％乙醇。

（4）0.5％伊红染液：伊红 0.5 g，溶于 100 mL 95％乙醇。

(5) 苏木精染液：将苏木精1g溶于6 mL乙醇中，逐滴滴入100 mL 10%硫酸铝铵溶液中，充分搅拌后用纱布蒙住瓶口，于阳光直射处放置7~10 d。最后加入甘油25 mL和甲醇25 mL，混匀。染液配制好后，静置1~2个月，待其氧化成熟变成深紫色后，过滤使用，可长期保存。

3. 甘油蛋白粘片剂：蛋白50 mL，甘油50 mL，水杨酸钠（防腐剂）1 g。

配制方法如下：将一个鸡蛋去除蛋黄，只留下蛋白，用玻璃棒快速搅拌成雪花状泡沫，然后4℃下，用双层纱布过滤到小烧杯中，此步骤较慢，需经数小时或过夜，滤出的透明蛋白液加入等量的甘油，稍稍振摇使两者混合，然后加入水杨酸钠用于防腐。在4℃可保存几个月。

4. 无水乙醇（分析纯），二甲苯（分析纯），切片石蜡，中性树胶，多聚赖氨酸。

二、器材

真空泵，切片机，展片台，蜡台，电热恒温箱，光学显微镜，刀片，镊子，烧杯，染色缸，载玻片，盖玻片，解剖针等。

【实验步骤】

一、取材与固定

用于石蜡切片的样品大小限制较为宽泛，但最好体积控制在5 mm×5 mm×2 mm以内。取样要快，刀片要锋利。取样后，要将组织材料尽快固定。通常采用的固定液有FAA固定液、卡诺氏（Carnoy's）固定液等。

FAA固定液又称万能固定液，在植物细胞形态学研究领域应用最广泛。其固定效果很好。固定时间较为宽泛，从24 h到数月皆可。由于FAA固定液本身乙醇浓度为50%，所以材料固定后，脱水步骤可直接从50%乙醇开始。

卡诺氏固定液渗透力较强。常用于固定根尖和花药，对细胞分裂时期染色体的固定较好。但固定时间不宜过长。

对于植物材料，由于细胞壁和液泡阻碍固定液迅速渗入，一般需用真空泵抽气2~4 h。抽气时间因样品幼嫩程度而异，一般判断标准是恢复到正常大气压后，样品能沉入固定液底部即可，并4℃充分固定过夜。

二、脱水

使用梯度浓度的乙醇置换样品中的水分。一般按如下梯度和时间处理：

50%乙醇30 min→70%乙醇30 min→85%乙醇30 min→95%乙醇30 min，

最后在无水乙醇中脱水3次，每次30 min。脱水时间也因样品幼嫩程度而异，可适当进行调整。

三、透明

由于二甲苯既能与乙醇互溶,也能与石蜡互溶,因而常用在脱水与浸蜡之间,并且二甲苯具有透明材料的效果。一般将已经脱水的样品放入二甲苯和无水乙醇以 1∶1 混合的混合液中处理 1 h,再换成纯二甲苯透明 3 次,每次 1 h。

四、浸蜡

将保存在纯二甲苯中的样品转移至二甲苯和融化石蜡以 1∶1 混合的混合液中(也可以直接在保存于二甲苯的样品中加入与二甲苯等体积的固体石蜡片,并盖在样品上),42℃浸蜡过夜。此后,将样品换新的纯石蜡浸透,并将温度升至 62℃。每天换蜡 2~3 次,连续换 3 d,以最大限度除去二甲苯。

五、包埋

用干净的铜版纸叠成合适的纸槽,置于 60℃ 蜡台上,迅速用预热的镊子夹取样品于纸槽中,倒入熔化的纯蜡液,没过样品。蜡液应具有一定高度,以防止凝固后包埋块易断折。样品要在蜡液中摆正,一般应与纸槽长边平行,可用酒精灯加热的解剖针调整样品位置。如果纸槽中要放入多个样品,样品间最好预留 8~10 mm 的距离以方便后续的修块与固定。待纸槽表面的蜡液凝固后,将蜡台关闭降温,小心拿出纸槽并置于室温冷却,或放入水中冷却。

六、修块与切片

切片之前,要将包住石蜡块的纸槽撕去,并根据样品的位置用刀片修块,蜡块要修成正方形或梯形,样品周围应保留 1~2 mm 宽的石蜡,顶部应修水平。注意:样品底部也应保留部分石蜡,以便于在木块上固定。对于较为细长的样品,周围应保留更宽的石蜡,以防切片时断裂。切片时,将样品垂直对准刀片,根据所需的切片厚度进行调整,切片。用镊子小心夹取蜡带一端,根据连续切出的蜡带,逐渐伸展,并放在干净的纸上。依次按照此方法,并记住顺序,便可得到连续的蜡带。

七、展片与烤片

载玻片需要事先涂上薄薄一层甘油蛋白或者多聚赖氨酸作为粘片剂,待干燥后,滴上适当的水,将蜡带切成合适的大小,按顺序伸展在载玻片上。并放置于 37℃ 展片台上将水分蒸干。待切片干燥后,再直立摆放在切片盒中,置于 37℃ 温箱中干燥过夜。

八、脱蜡与复水

干燥后的蜡带需要脱蜡复水后才能进行染色。将载有蜡带的载玻片整齐摆放于染缸中,按照下列步骤进行逐级脱蜡与复水:

纯二甲苯 15 min(脱蜡时间可根据蜡带的厚度适当地调整)→1/2 二甲苯+1/2 乙醇 5 min→无水乙醇 2 min→ 无水乙醇 2 min→95% 乙醇 2 min→ 80% 乙醇 2 min→70% 乙醇 5 min→50% 乙醇 5 min→30% 乙醇 5 min→水 5 min。

九、染色观察

根据不同的观察目的，细胞可以采用多种染色方法。简单介绍如下：

1. 1%甲苯胺蓝染色：可以对全细胞进行染色。将切片用染液染色 1~10 min，用水洗去残色，干燥后，即可进行镜检。

2. 番红-固绿染色：适用于植物根、茎、叶等组织的染色，可将木质化的细胞壁以及细胞核染成红色，细胞质染成绿色。这种染色方法不需要复水，在前面"脱蜡与复水"步骤中用80%乙醇进行处理后，即将切片置于1%番红染液中染色过夜，然后用80%乙醇脱色5 min，再用1%固绿染液染色10 s，之后直接进入"永久切片制作"环节，从95%乙醇处理开始，完成剩余的步骤制成永久切片。

3. 苏木精-伊红（HE）染色：可将细胞核染成蓝色，细胞质染成红色。将切片用苏木精染色 5~8 min 后，用水洗去残色，并用 0.1%盐酸分色数秒，直至镜检显示细胞核颜色褪为浅红色后，用水洗去盐酸，继续进行第十步，但在进行后续第十步"永久切片制作"用95%乙醇处理之前，用0.5%伊红染液染色数秒钟，再继续进行剩余的步骤。

十、永久切片制作

在完成染色镜检后，如需长期保存切片，可以再次进行脱水、透明，然后用中性树胶封片。制作过程按照下列步骤进行：

水 15 s→30%乙醇 15 s→50%乙醇 15 s→70%乙醇 15 s→80%乙醇 15 s→95%乙醇 15 s→无水乙醇 15 s→无水乙醇 15 s→1/2 二甲苯＋1/2 乙醇 15 s→纯二甲苯 15 s。

脱水透明完毕后，用滤纸吸去多余的二甲苯，在样品上滴加一滴中性树胶，从一侧轻轻加上一片干净的盖玻片至完全盖住样品，并注意不要产生气泡。通风处放置约数天，等待树脂凝固即可进行观察照相。

【结果与分析】

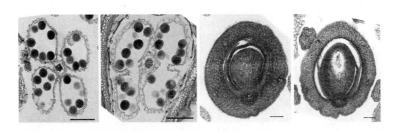

图 1-1-1　水稻雄蕊和心皮的石蜡图片（bar＝50 μm，王东辉提供）

【注意事项】

1. 二甲苯有毒性，涉及二甲苯的操作请于通风橱中进行。

2. 蜡带脱蜡以及脱水时间因样品而异，最好先进行不同处理时间的预实验，摸索出最佳条件。

【参考文献】

1. 贺学礼. 2004. 植物学实验实习指导. 北京：高等教育出版社.
2. 李景原，王太霞. 2007. 植物学实验技术. 北京：科学出版社.
3. 叶创兴，冯虎元. 2006. 植物学实验指导. 北京：清华大学出版社.

1-2　植物材料半薄切片

【实验目的】

1. 了解半薄切片的原理；
2. 掌握植物材料半薄切片的基本操作过程。

【实验原理】

半薄切片技术是以树脂作为包埋剂，用超薄切片机或石蜡切片机进行切片的技术。通过该技术得到的切片厚度一般在 0.5～3 μm 之间，通常用于光学显微镜进行较细微组织的观察，或用于电子显微镜的初步组织定位。半薄切片的制备需要经固定、脱水、包埋、切片和染色等步骤。固定是指通过化学试剂迅速杀死植物细胞，使细胞中的各种细胞器及大分子保持原有生活状态，不发生位移。脱水的目的是将组织中的游离水彻底清除，便于后续包埋剂的渗入。渗透包埋过程是用包埋剂逐渐取代组织中的脱水剂，使细胞内外空隙被包埋剂填充。切片前通过修弃多余树脂，使样品暴露出来，截面大小在 0.5 mm^2 左右比较理想。切片分为安装样品块和切片刀、对刀、切片、捞片等过程。片子染色后便于在光学显微镜下进行细致观察。由于植物细胞具有细胞壁，部分组织具有致密的细胞结构，低黏度包埋剂 Spurr 树脂与传统的一些树脂相比，具有黏度低、渗透效果好、所需聚合时间短等优点，更适用于植物材料的包埋处理。

【试剂与器材】

一、试剂

1. FAA 固定液(100 mL)：37% 甲醛溶液 10 mL，冰醋酸 5 mL，乙醇 50 mL，用 ddH_2O 定容至 100 mL。
2. 梯度乙醇溶液：分别将乙醇配制成浓度依次为 50%，70%，80%，95%，100% 的溶液。

3. 丙酮。

4. Spurr 包埋剂：VCD 树脂 10 g，DER736 8 g，NSA(nonenyl succinic anhydride)25 g，DMSA 0.3 g，翻转混合 30 min，4℃聚合 8 h 以上。

5. 硼砂甲苯胺蓝染液：称取甲苯胺蓝 1 g，硼砂 1 g 加 100 mL 蒸馏水，溶解，过滤。

二、器材

真空泵，翻转混匀仪，制刀机，光学显微镜，半薄切片机，烤片台，烘箱。

三、实验材料

拟南芥叶片、根尖、水稻花序等。

【实验步骤】

一、固定

将材料放入 FAA 固定液，置于真空泵中抽气至材料下沉，4℃固定过夜。

二、脱水

将材料经过以下梯度浓度的乙醇脱水：

50%乙醇 1 h→70%乙醇 1 h→80%乙醇 1 h→95%乙醇 1 h→100%乙醇 1～2 h，重复换 2～3 次→丙酮 1 h，重复换 2～3 次。

三、浸透

将材料经过以下梯度过程浸透：

3/4 丙酮+1/4 Spurr 包埋剂 8～12 h→1/2 丙酮+1/2 Spurr 包埋剂 8～12 h→1/4 丙酮+3/4 Spurr 包埋剂 8～12 h→100% Spurr 包埋剂 8 h，重复换 3 次。

四、包埋

先往模具中滴加适量新的 Spurr 包埋剂，将浸透完毕的材料小心包埋于其中，尽量使材料的纵向靠近模具两端，横向居中，沉底，再补加包埋剂至稍溢出，75℃聚合过夜。

五、切片

1. 修块：削去材料表面的包埋剂，露出材料以方便切块。在材料四周以一定角度（一般与水平面呈 45°，也可随材料性质大小灵活选择），削去包埋剂，侧面修成梯形，上窄下宽，防止材料块断裂，截面修成矩形或梯形，材料周围包埋介质应尽量修去。

2. 制备玻璃刀（图 1-2-1）：将玻璃条锯齿状花纹面朝下放置在制刀机上，截成 2.5 cm×2.5 cm 方块，此时每个方块的切开面有两个切迹，此切迹面朝左下，锯齿状花纹面朝右下，放在制刀机上，制成 45°三角形切片刀。根据王文[4]等报道，右侧刀口为最佳玻璃刀口。

为了后续捞片方便，可以在玻璃刀刀口下方安装水槽接取切片。可以用专门与玻璃刀尺寸合适的塑料水槽，用石蜡固定在切口处；也可用胶带缠绕一圈，再用石蜡把接缝处封死

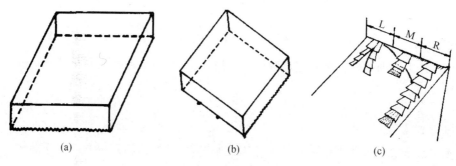

图 1-2-1　玻璃刀的制备

(a) 锯齿状花纹朝下放置；(b) 切迹面朝左下，锯齿状花纹面朝右下；(c) 左、中、右三部位刀口的切片效果

(如图 1-2-2)。使用前用滴管在水槽中滴满水。

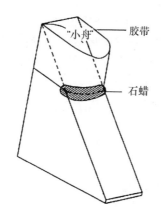

图 1-2-2　玻璃刀及水槽位置示意图

3. 安装样品块和切片刀：按照切片机的要求，将样品块和玻璃刀牢固安装在切片机上，刀口和包埋块修块后暴露出的切面尽量平行。

4. 对刀：对刀的目的是使材料达到最大的切面积。先粗调使刀与切面距离约 0.5 cm，确认切面是否与水平面垂直，再将刀与切面间距离调成近乎是一条细线，并左右移动刀座，粗略判定刀的左右高低，确定刀的使用方向。

5. 切片：调好刀与材料块后，一般先在最左边刀口进行预修，以判断材料面是否切全及材料面的平整性，若切面未能切全，就将刀座稍向后移，再略调切面的垂直度，直到可以将切面切全。然后进行试探性预切，并随时镜检，以确定是否切到材料，切到材料后可再将刀座向左移动，用右侧刀口切出高质量的切片。

6. 捞片：不使用水槽时，用细镊子小心夹取出切片；有水槽时，用镊子或细铜丝绕制的小铜网将漂浮在水槽中的切片捞出,在滴有水的干净载玻片上摆放整齐,100℃展片台上烤片至切片干透。

六、染色,观察

在载玻片上滴加硼砂甲苯胺蓝染液,100℃烤片 10 s,用水冲洗多余染液,烤干后在显微镜下观察、拍照。

【结果与分析】

在光学显微镜下由低倍镜向高倍镜寻找合适视野,观察植物较细微的组织结构。

【注意事项】

1. 植物材料抽气一定要充分、彻底,否则会影响后续试剂的渗入。

2. 植物材料在脱水过程中不可在高浓度酒精(>70%)中放置过长时间,也不要在 100% Spurr 包埋剂中放置过长时间。

3. 切片时要随时镜检,保证切到材料合适位置时切片的质量(无刀痕,切面完整,片子厚度适宜)。预切时可根据材料性质将切片厚度设置得稍厚一些(>5 μm),切到材料后再切出更薄的切片。捞片时镊子等用品不要碰到刀口,切片出现划痕时要立即更换玻璃刀。

4. 拍照时,注意调节曝光时间及白平衡设置等,保证所有切片背景颜色、亮度一致,以便于观察比较。

【参考文献】

1. 贺学礼. 2004. 植物学实验实习指导. 北京:高等教育出版社.
2. 李景原,王太霞. 2007. 植物学实验技术. 北京:科学出版社.
3. 叶创兴,冯虎元. 2006. 植物学实验指导. 北京:清华大学出版社.
4. 王文,蔡自力,杜开和. 1991. 超薄切片玻璃刀制作技术及使用方法的探讨. 电子显微学报,(3):307.
5. 钟秀容,陈莲云,陈文列. 1999. 制备电镜超薄切片的技巧. 福建医科大学学报,33(2):224—225.
6. 李新荣,魏丽,靳党英,等. 1994. 常规电镜标本制作方法的改进. 郑州大学学报(医学版)(3).

1-3 透射电子显微镜样品的制备

【实验目的】
1. 掌握透射电子显微镜的成像原理与制样方法；
2. 学习观察生物样品亚细胞结构。

【实验原理】
电子显微镜主要分为两类：一类为透射电子显微镜（transmission electron microscope，TEM），简称为透射电镜；另一类为扫描电子显微镜（scanning electron microscope，SEM），简称为扫描电镜。

一、透射电镜原理

透射电镜依靠透射电子成像，分辨率高，视场小，广泛应用于样品局部切片的超微结构和纳米材料等。而扫描电镜利用二次电子成像，分辨率高，图像立体感强，主要用于样品表面及其断面立体形貌的观察。二者制样技术也有不同，透射电镜主要使用超薄切片技术、负染技术、投影技术和复型技术等。而扫描电镜则主要使用临界点干燥（critical point drying）技术、冷冻干燥技术、蚀刻技术、组织导电技术和切片腐蚀技术等。

电子显微镜的发展与物理学具有密不可分的关系。1926 年，德国物理学家 Busch 提出了用轴对称的电场和磁场对电子束进行聚集，发展成电磁透镜；1932 年，德国科学家 Max Knoll 和 Ernst Ruska 研制出第一台透射电镜（点分辨率达到 50 nm）。之后，商品化的电子显微镜开始出现。1939 年，德国西门子公司生产了第一台透射电镜。我国于 1959 年由中科院长春光学精密机械与物理研究所研制出第一台透射电镜。扫描电镜发展较透射电镜稍晚。1965 年，英国剑桥科学仪器有限公司研制出商品化的扫描电镜。我国于 1975 年由中科院北京科学仪器厂研制出第一台扫描电镜。

在此，我们主要介绍透射电子显微镜的原理（图 1-3-1），以及植物组织样品的超薄制样技术。

透射电镜主要由四部分组成：照明系统，包括电子枪和聚光镜；成像系统，包括物镜、中间镜和投影镜等；真空系统以及记录系统等。

照明系统的电子枪由阴极、控制极、阳极构成。阴极灯丝一般为金属钨，加电压后产生热电子，形成电子束。阳极与阴极相对，用以加速由阴极发射的电子束。控制极位于阴、阳极之间，可通过改变电子枪中电场分布作用来控制电子束的发射。从电子枪发射出的电子束，束斑尺寸大，相干性与平行性差。为此，需经两级聚光镜进一步将电子束会聚成近似平行的照明束。

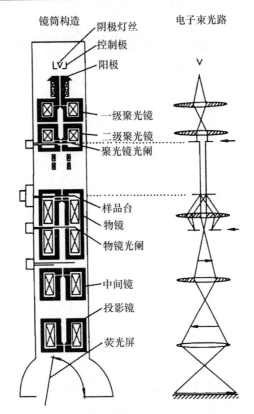

图 1-3-1　透射电子显微镜原理图(修改自吴晓京,2002)

成像系统是电子显微镜的核心,由三级电磁透镜组成。电子束通过聚光镜之后便进入样品室,透过样品的电子束接下来要经过物镜聚焦。物镜是短焦强磁透镜,使试样形成一次放大像,其放大倍数一般为 100～300 倍。电镜的分辨率主要取决于物镜,因而必须尽可能降低像差。目前高质量物镜分辨率可达 0.1 nm 左右。另外,现代电镜都会在物镜上加装光阑进一步减少球差。中间镜是长焦距弱磁可变倍率透镜,能把物镜形成的一次中间像投射到投影镜物面上。调整中间镜的电流,可以改变放大倍数。位于透镜组最下端的投影镜是短焦强磁透镜,能把中间镜形成的二次像放大到荧光屏上,使试样最终放大到约 100 万倍的大小。有的电镜会装有两个投影镜。电镜的总放大倍数即三级电磁透镜倍数的乘积。

电镜对真空具有严格的要求。由于电子束在大气中自由射程短,与气体分子的碰撞会发生电离放电,造成能量损失。样品也同样有可能被气体分子污染。另外,灯丝容易被氧化,真空度不好会降低其使用寿命。因而电镜需要良好的真空系统。电镜真空泵有多种类型,在此不再详述。

记录系统有观察窗、荧光屏、照相室或高分辨率 CCD 等。观察窗由一定厚度铅玻璃组成,可以防护 X 射线。荧光屏涂有荧光粉,在电子束照射下产生绿色荧光,使电子像转换为肉眼可见图像。旧式电镜一般采用照相底片进行感光记录。但现在新型电镜普遍采用高分辨率CCD进行电子记录,可在电脑中直接保存图像。

透射电镜常用50~200 kV电子束,由于电子穿透能力较弱,因而样品厚度一般控制在60~100 nm,所以需要将样品制成超薄切片。制样技术是得到优良电镜图片的关键。另外,由于采用电子束成像,样品需要有较高的电子密度,所以超薄切片还需要用重金属盐溶液进行染色。之后在铜网的承载下装入样品杆,放入真空样品室进行观察。

二、样品制备原理

样品制备包括取材与固定、脱水、浸透、超薄切片以及染色等步骤。

样品取材的原则可以简单总结为"小、快、准、狠"。组织块要小于1 mm^3,取样要快,用锋利的刀片准确截取需要观察的部位。取样后,要将组织材料尽快固定。即采用化学试剂或冷冻、干燥及高温等物理方法迅速杀死细胞,使细胞组织瞬间停止生命活动,其内含物会立即凝固而不瓦解,并尽可能使细胞中的各种细胞器及大分子不发生位移。

固定液一般用缓冲液稀释,常用的缓冲液有PBS、二甲砷酸盐缓冲液等,前者对材料具有生理保护作用,且无毒,应用广泛。后者适用于免疫电镜以及与细胞化学有关的电镜实验,但有毒性,使用要小心。一般缓冲液pH用于动物组织时为7.2~7.4,用于植物材料时为6.8~7.0,而高度含水组织则为8.0~8.4。

固定方法也有多种选择,但以双固定法应用最广泛,效果最好。这种方法一般先将材料用2%~3%的戊二醛或者2%~4%的多聚甲醛进行前固定,再用1%的锇酸进行后固定。注意:固定液要新鲜配制。

甲醛分子较小,对生物材料的渗透能力强于戊二醛,并能保存样品中酶的活性。但甲醛不能较好固定细胞基质。适于临床取材,对组织尺寸没有严格的限制。常与戊二醛混合使用。

戊二醛渗透快,对蛋白质交联速度快。不能保存脂肪,对磷脂固定效果较差,细胞膜显示欠佳。适用样品较长时间保存及远距离取材。

锇酸,即四氧化锇,具有固定和电子染色双重作用。对脂肪、蛋白质、磷酸脂蛋白固定效果较好,不与RNA和DNA反应,不能固定糖原,低浓度锇酸不保存微管。由于其分子较大,导致渗透速度慢,但作为强氧化剂,其反应速度快。锇酸极易挥发,对黏膜及角膜刺激性大,在使用时应注意个人防护。

包埋剂的选择也至关重要。理想的包埋剂应与脱水剂有较好的相容性;渗透与包埋期间对细胞成分抽提少,能良好保持组织细微结构;在聚合期间不能引起样品收缩;切片时有较好的均匀性和硬度;不妨碍染液对超薄切片的浸染;在高放大倍数下不显示任何包埋剂的结构,具有非常低的背景。

【试剂与器材】

一、试剂

1. 0.2 mol/L PBS:0.2 mol/L Na$_2$HPO$_4$,0.2 mol/L NaH$_2$PO$_4$,pH 7.0。
2. 2.8%戊二醛(Sigma):用0.2 mol/L PBS稀释,用前加入Triton X-100至终浓度为

0.02%（体积分数）。

3. 醋酸双氧铀,工作浓度一般为 2%,用 50%乙醇或超纯水配制,并于 4℃保存,出现沉淀或者变色说明已经失效,不能再使用。

4. 柠檬酸铅工作液：在 10 mL 超纯水中加入 0.01～0.04 g 柠檬酸铅,并加入 10 mol/L NaOH 0.1 mL,混匀,以防止碳酸铅沉淀产生。

5. 1%锇酸：用 0.2 mol/L PBS 配制,用前加入 Triton X-100 至终浓度为 0.02%（体积分数）；锇酸为剧毒化学品,使用应注意安全防护。

6. Spurr 包埋树脂（SPI）硬配方：VCD 树脂 10 g,DER736 8 g,NSA 25 g,DMAE 0.3 g,混合均匀,于 4℃保存。

7. LR White 包埋树脂配方：LR White 100 g 中加入催化剂过氧化苯甲酰（benzoyl peroxide）1.998 g,充分振荡均匀后,于 4℃保存。

8. 0.3%方华（Formvar,聚乙烯醇缩甲醛）溶液,无水乙醇（分析纯）,丙酮（分析纯）。

二、器材

循环水式多用真空泵（SHD-Ⅲ,阳光科教）；台式电热恒温培养箱（WP25,天津泰森特）；超薄切片机（EM UC7,Leica）；20 kV 透射电子显微镜（G2 20 Twin,Tecnai）；铜网等。

【实验步骤】

一、取材与固定

准确截取需要观察的组织块,体积小于 1 mm^3。样品固定采用双固定法,具体操作如下：

1. 将样品浸泡到 2%～3%的戊二醛固定液中,对于植物材料,由于细胞壁和液泡阻碍固定液迅速渗入,一般需用真空泵抽气 2～4 h,时间根据样品幼嫩程度而异,一般判断标准是恢复到正常大气压后,样品能沉入固定液底部即可,并 4℃固定过夜。

2. 漂洗：用 0.1 mol/L PBS 将材料漂洗 3 次,以洗去固定液,每次 15 min。

3. 固定：用 1%锇酸避光固定材料,应置于 4℃冰箱中,固定 24 h。

4. 漂洗：用 0.1 mol/L PBS 将材料漂洗 3 次,每次 15 min。

二、脱水

使用梯度浓度的有机溶剂将样品中的水分置换。一般选取乙醇（或丙酮）,按照如下梯度进行：20%乙醇 15 min→30%乙醇 15 min→40%乙醇 15 min→50%乙醇 15 min→60%乙醇 15 min→70%乙醇 15 min（可在此步短暂存放样品,保存于 4℃）→80%乙醇 15 min→90%乙醇 15 min→100% 乙醇 15 min,最后应在 100%乙醇中多次脱水,每次 15 min。

梯度脱水时间也因样品幼嫩程度而异,对于表面附有蜡质、较硬或机械强度较大的样品可以适当延长脱水时间。

三、浸透

样品脱水完成后,需要使用梯度浓度的包埋剂置换出样品中的乙醇。一般选取的包埋剂有 LR White 树脂和 Spurr 树脂:

1. LR White 为水溶性树脂,需要在无氧条件下,在催化剂引发下聚合。样品脱水完成后,以 1 : 1 的比例加入无水乙醇和 LR White 树脂,混匀后室温渗透 4 h 以上(也可过夜)。接着将样品转移至纯 LR White 树脂中,室温渗透 2 h 以上(也可过夜)。最后将渗透好的样品放入包埋用模具中(一般用 EP 管或胶囊),加入纯 LR White 树脂,没过样品。在 65℃ 条件下严格无氧聚合 24 h 至树脂凝固。

2. Spurr 属于环氧树脂类,需要将若干树脂、硬化剂、增塑剂及催化剂按比例配制。将脱水完成的样品放到 EP 管中,按照如下比例依次浸透样品,并用封口膜封住,放到旋转仪上进行充分浸透:

3/4 丙酮＋1/4 Spurr 包埋剂 2～4 h→1/2 丙酮＋1/2 Spurr 包埋剂过夜→1/4 丙酮＋3/4 Spurr 包埋剂 10～12 h→100％ Spurr 包埋剂过夜→100％ Spurr 包埋剂 10～12 h→100％ Spurr 包埋剂过夜(开盖敞开挥发丙酮),

最后将渗透好的样品放入包埋模具中,用纯 Spurr 包埋剂没过样品,60℃ 聚合 2d 至树脂凝固。

已经凝固并包埋有样品的树脂需要保存在干燥的环境中,在湿度大的环境下机械强度会降低,影响切片效果。

包埋时使用的模具主要有塑料 EP 管、橡胶包埋槽、胶囊等。LR White 一般使用 EP 管或胶囊,因为可以密封隔绝空气利于聚合,另外样品一般沉在管底尖端,便于修块。橡胶包埋槽具有整齐排列的开放性的凹槽,适用于 Spurr 树脂的包埋,并且样品可以进行定向,便于切片。

四、超薄切片技术

超薄切片是指将包埋后组织切成纳米级切片,并附着在电镜载网上的过程。该过程一般包括包埋块的修整、半薄切片定位、超薄切片三步工作。

首先对包埋好的样品进行修块,修去多余的树脂,使样品被局限在很小的体积内,切面大小一般在 $0.5 mm^2$,上下边要平行。用于半薄切片和超薄切片的刀有两种:玻璃刀和钻石刀。玻璃刀是通过制刀机将长玻璃条切割断裂而成。其价格低廉,制作方便;但性质不稳定,容易被氧化变钝,因而不能长期存放,需要现做现用。而钻石刀性质较为稳定,容易获得高质量切片。但价格昂贵,容易损伤,使用时必须特别注意。在实际切片过程中,一般先用玻璃刀进行半薄切片(切片厚度 $1\sim3\mu m$),将样品定位到自己想要观察的位置。对半薄切片染色并用光学显微镜镜检符合要求后,再进一步修块,换用钻石刀进行超薄切片(切片厚度 100 nm 左右)。超薄切片需要用水槽承接,并用附有一层方华膜的铜网捞出来。

五、染色观察

生物样品的图像反差来源于样品对电子束的散射能力。原子序数越高,电子密度越高,散射电子的能力越强。但是生物样品主要由 C、H、O、N、P、S 等低原子序数的元素组成,未经染色的超薄切片反差很弱。因此,需使用重金属盐溶液进行染色,以增强样品反差。一般电镜样品采用醋酸双氧铀-柠檬酸铅染液进行双染色。

醋酸双氧铀主要以提高核酸、蛋白质和结缔组织显微的反差为主,对膜染色效果较差。柠檬酸铅密度大,对细胞膜以及脂类染色效果好。二者联用可以取长补短,达到很好的效果。

样品首先用 2% 醋酸双氧铀染色 1 h。由于铜网很小,操作需要很小心,一般将染液滴到塑料膜上,再将铜网载有样品的一侧放到染液滴上,并加上盖子防止蒸发。此方法一般称为"小液滴染色法"。染色完毕后,用镊子小心夹起铜网,置于盛有超纯水的小烧杯中温柔上下抖动冲洗。重复 2~3 次后,用滤纸轻轻吸去水滴,干燥。接下来同样用小液滴染色法,对样品用柠檬酸铅染色 1~10 min,并用超纯水清洗 2~3 次,干燥后,便可置于上样杆中,进行透射电镜观察。

【结果与分析】

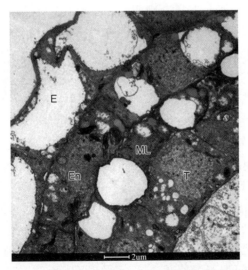

图 1-3-2　水稻雄蕊药室四层壁细胞电子显微图片
(宋巍提供,胡迎春老师帮助制样)
E,表皮层;En,药室内壁;ML,中层;T,绒毡层

【注意事项】
1. 锇酸为剧毒化学品,使用应注意安全防护,并于通风橱中进行操作;
2. 醋酸双氧铀具有放射性,应注意防护;
3. 使用 LR White 树脂包埋要严格厌氧。

【参考文献】
1. 陈力.1998.生物电子显微术教程.北京:北京师范大学出版社.
2. 姚骏恩.2002.我国电子显微镜的研制与发展.电子显微学报,21(3):345—358.
3. 付洪兰.2004.实用电子显微镜技术.北京:高等教育出版社.
4. 吴晓京.2002.现代大型分析测试仪器系列讲座之二:透射电子显微镜.上海计量测试,(3).

1-4 扫描电子显微镜样品制备及观察

【实验目的】
1. 掌握扫描电子显微镜的结构及工作原理;
2. 了解扫描电子显微镜样品的制备方法;
3. 了解扫描电子显微镜的操作步骤。

一、扫描电镜概述

扫描电镜可分为普通电子显微镜、分析型扫描电子显微镜和场发射枪扫描电子显微镜三类。它是一种用于观察物体表面结构的电子光学仪器,具有放大倍数可调范围宽、图像分辨率高、景深大等特点。1935 年德国科学家 Knoll 首次提出其概念,1952 年剑桥大学 Oatley 等制作了第一台扫描电镜,1965 年剑桥大学推出第一台商品扫描电镜。目前扫描电镜的最高分辨率可达 0.6 nm,放大率达 80 万倍。

扫描电镜主要用于观察样品的表面三维立体形貌,其样品制备过程简单,导电样品或新鲜生物样品可以直接进行观察。即使高含水量的生物样品,也只需经过固定、脱水、干燥和喷金四步处理即可进行观察。样品尺寸可达 2 cm^3。

二、扫描电镜成像原理

如图 1-4-1 所示,从结构上看,扫描电镜主要由电子光学系统(镜筒)、电子信号收集与处理系统、电子信号显示与记录系统、真空系统和电源系统五个部分组成。工作原理为:电子枪在高温下产生自由电子,经电场加速和磁透镜聚焦形成扫描电子束,电子束在样品表面扫描激发产生电子信息,电子信息经传递放大最终经显像管成像。

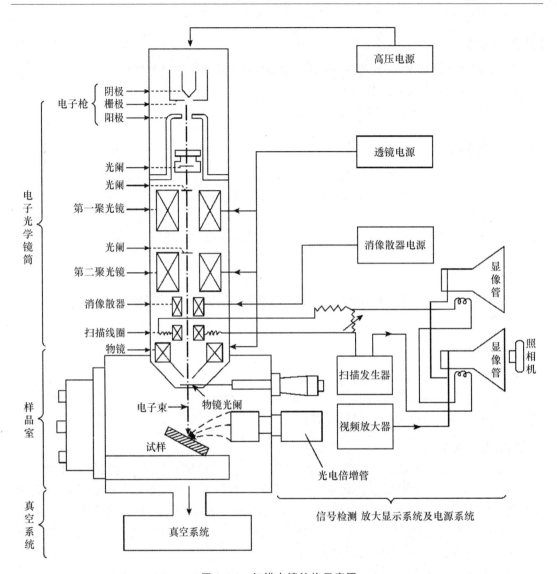

图 1-4-1　扫描电镜结构示意图

(引自 http://wenku.baidu.com/link?url=-tpsCyz44Xb_uu0YLLDm92dBXa6xqZs0FakyCZ2e8tOlB3RyZ9ap_BUI1nY1DWSc5N5kaPZJnieObDWZE-pXT7ANMLr-2xR5lWKxtsr15xW)

在真空环境下，如图1-4-2所示，在2～30 kV 加速电压作用下，电子枪可发出几十微米直径的电子束，经第一、第二聚光镜缩小成直径几纳米的入射电子束，在扫描线圈产生的磁场作用下，入射电子束按一定时间、空间顺序做光栅式扫描。

当电子束轰击导电样品表面时，电子与构成样品表面物质的元素的原子核及外层电子发生单次或多次弹性或非弹性碰撞，一些电子被反射出样品表面，而其余的电子则渗入样品

16

中,逐渐失去其动能,最后停止运动,被样品吸收。在此过程中有 99% 以上的入射电子能量转变成样品热能,而其余约 1% 的入射电子从样品中激发出各种信号。这些信号主要包括二次电子、背散射电子、吸收电子、透射电子、俄歇电子、阴极发光、X 射线等。其中的二次电子经加速并射到闪烁体上,使二次电子信息转变成光信号,光信号经过光导管进入光电倍增管,再转变成电信号。电信号经视频放大器放大,并被输入到显像管的栅极中,调制荧光屏的亮度。显像管中的电子束在荧光屏上也作光栅状扫描,且这种扫描运动与样品表面电子束扫描运动严格同步,所以,由探测器逐点检测的电子信号,将一一对应调制显像管相应点的亮度,荧光屏显示的即与样品形貌一致的图像。

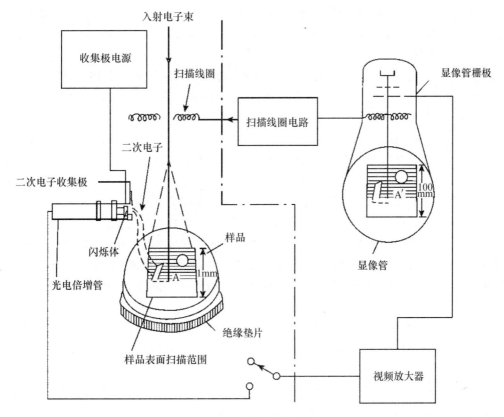

图 1-4-2 扫描电镜原理图

(引自 http://wenku.baidu.com/link?url=-tpsCyz44Xb_uu0YLLDm92dBXa6xqZs0FakyCZ2e8tOlB3RyZ9ap_BUI1nY1DWSc5N5kaPZJnieObDWZE-pXT7ANMLr-2xR5lWKxtsr15xW)

三、扫描电镜样品制备原理

扫描电镜样品制备比透射电镜样品制备简单。除要求完整的保存样品表面形貌结构外,只要求样品干燥并能导电,而无须包埋和切片。生物样品制备一般包括固定、脱水、干燥和喷涂金属膜（以下简称喷金）四个步骤。

对于干燥且质地坚硬的样品，如牙齿、毛发、指甲、骨骼、昆虫外骨骼和触角等，只需经过简单处理，除去灰尘及黏液等污物即可在电镜下观察，无须固定、脱水、干燥和喷金。

对于细胞样品，可直接将其培养在盖玻片上，使用去污剂抽提细胞膜和细胞质，干燥后无须喷金即可观察。

对于含水量高的动植物样品，必须经过固定、脱水、干燥和喷金处理才可观察。固定液的选择可参考透射电镜固定液的标准，但对于大部分动植物样品，使用FAA或戊二醛固定液充分渗透，实现固定即可，无须后固定。

脱水剂为乙醇或丙酮，采用梯度脱水的方法将样品中的水分逐步置换为乙醇或丙酮。脱水时间应根据样品体积与渗透性进行相应调整，对于体积大、渗透性小的样品应延长各梯度脱水剂的渗透时间，反之亦然。

充分脱水后，使用临界点干燥技术对样品进行快速干燥，该方法利用液体在临界状态下，气-液相界消失且表面张力为零的特性，消除了液体表面张力在干燥过程中对样品表面结构的破坏作用，实现无形变的样品干燥。由于直接干燥含水样品或是经脱水剂处理后的样品所需的临界条件过高（水的临界温度374℃，临界压力21.39 MPa；乙醇的临界温度243.1℃，临界压力6.38 MPa；丙酮的临界温度236.5℃，临界压力4.78 MPa），会造成样品表面的严重破坏，因此不能直接进行临界点干燥，而需使用临界温度和压力均较低的液体作为媒介液，先置换样品中的脱水剂，再创造临界温度和压力进行临界点干燥。在扫描电镜样品干燥中，最普遍使用的媒介液是二氧化碳，其临界温度为31℃，临界压力为7.14 MPa，在此温和条件下，样品表面形貌可完好保存。经脱水剂处理的样品可直接与液体二氧化碳置换，随后进行临界点干燥。由于脱水剂与二氧化碳互溶性较差，而与乙酸异戊酯互溶性较好，因此，样品脱水后往往需要通过梯度过渡的方式置换到乙酸异戊酯溶液中，随后再进行二氧化碳临界点干燥。

干燥后的生物样品，由于不能导电，还需进行金属喷涂后才可观察。目前普遍使用的喷涂金属为金，喷涂厚度约10 nm。喷金方法主要有真空喷涂法和离子溅射法。

【试剂与器材】

一、试剂

1. 0.2 mol/L 磷酸盐缓冲液（PBS）配方：

(1) 甲液（0.2 mol/L Na_2HPO_4）配方：$Na_2HPO_4 \cdot 12H_2O$ 71.64 g/L；

(2) 乙液（0.2 mol/L NaH_2PO_4）配方：$NaH_2PO_4 \cdot 2H_2O$ 31.21 g/L。

1-4 扫描电子显微镜样品制备及观察

表1-4-1 0.2 mol/L PBS 配方

pH	甲液/mL	乙液/mL	pH	甲液/mL	乙液/mL
5.70	6.50	93.50	6.90	55.00	45.00
5.80	8.00	92.00	7.00	61.00	39.00
5.90	10.00	90.00	7.10	67.00	33.00
6.00	12.30	87.70	7.20	72.00	28.00
6.10	15.00	85.00	7.30	77.00	23.00
6.20	18.50	81.50	7.40	81.00	19.00
6.30	22.50	77.50	7.50	84.00	16.00
6.40	26.50	73.50	7.60	87.00	13.00
6.50	31.50	68.50	7.70	90.50	9.50
6.60	37.50	62.50	7.80	91.50	8.50
6.70	43.50	56.50	7.90	93.00	7.00
6.80	49.00	51.00	8.00	94.70	5.30

根据实验要求的pH，取 x mL 甲液与 y mL 乙液，混合均匀即得相应pH的PBS溶液。如，0.2 mol/L PBS(pH 7.0)：甲液30.5 mL＋乙液19.5 mL，混匀，4℃存放。

2. 2.8％戊二醛(50 mL)：0.2 mol/L PBS(pH 7.0) 25 mL，25％戊二醛5.6 mL，加水定容至50 mL，加 Triton X-100 25 μL。

3. FAA 固定液(100 mL)：酒精50 mL，37％甲醛溶液10 mL，冰醋酸5 mL。

4. 脱水剂：无水乙醇(分析纯)或丙酮(分析纯)。

5. 乙酸异戊酯(分析纯)。

6. 液体二氧化碳：纯度达99.99％。

二、器材

1. 取材及固定用器材：镊子，抽气用针筒或真空泵，封口膜。

2. 干燥用器材：临界点干燥仪，本实验方法以 LEICA 公司出品的全自动临界点干燥仪(Automated Critical Point Dryer)EM CPD300 为例(视频资料参见官网：http://www.leica-microsystems.com/products/em-sample-prep/biological-specimens/room-temperature-techniques/drying/details/product/leica-em-cpd300/showcase/)，干燥盒，镊子，铅笔，滤纸。

3. 喷金用器材：喷金机，本实验方法以 JEOL 公司出品的自动喷金机(Auto Fine Coater)JFC-1600 为例。

【实验步骤】

对于新鲜生物样品，可即时取材即时进行扫描电镜观察。对于不能立即观察的含水量高的生物样品则需进行系列处理。本实验方法将以常见的含水量高的生物样品为例进行介绍。

一、取材与固定

取材后,应立即对样品进行固定,与透射电镜相比,扫描电镜一般无须进行后固定。具体操作方法如下:

1. 将样品浸泡于FAA固定液或2‰~3‰的戊二醛固定液中。对于植物材料,由于细胞壁和液泡阻碍固定液迅速渗入,一般需用真空泵抽气2~4 h,或用针筒快速抽气约30 min,具体处理时间因样品幼嫩程度而异。一般判断标准是恢复到正常大气压后,样品能沉入固定液底部即可。

2. 更换新的固定液,4℃固定过夜。

二、脱水

使用梯度浓度的有机溶剂处理,将样品中的水分置换出来。一般选取乙醇(或丙酮)。按照如下梯度处理:50%乙醇 15 min→60%乙醇 15 min→70%乙醇 15 min(可在此步短暂存放样品,保存于4℃)→80%乙醇 15 min→90%乙醇 15 min→100%乙醇 15 min,最后应在100%乙醇中多次脱水,每次 15 min。

梯度脱水时间也因样品幼嫩程度而异,对于表面附有蜡质、较硬或机械强度较大的样品可以适当延长脱水时间;

三、干燥

使用临界点干燥仪干燥样品,首先将样品放入液态二氧化碳内加热,使其温度达到临界点以上,当样品内外液体均处于完全气化状态时,继续保持临界温度。随后将压力缓慢降至大气压,此时气化的液体将继续维持气态,排出后即可获得无形变的干燥样品。具体操作方法以 Leica EM CPD300 全自动临界点干燥仪为例(图1-4-3):

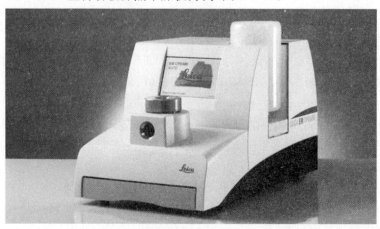

图 1-4-3 Leica EM CPD300 全自动临界点干燥仪

(引自:http://www.leica-microsystems.com/products/em-sample-prep/biological-specimens/room-temperature-techniques/drying/details/product/leica-em-cpd300/showcase/)

1. 将样品放入样品盒：每个样品盒需准备 2 片圆形滤纸，尺寸略大于样品盒底面。将滤纸放入样品盒，上下各 1 片，使其围住样品盒内侧。用铅笔在滤纸上写明样品编号。从乙醇或乙酸异戊酯中取出样品放入样品盒，注意放置过程须使样品始终处于被乙醇或乙酸异戊酯浸没的状态。

2. 预冷干燥室：接通电源，将样品盒放入干燥室，倒入脱水剂没过样品盒。设置预冷程序，将温度降至 10~15℃。

3. 进气与置换：缓慢打开二氧化碳储气瓶阀门及干燥仪进给阀（点击 CO_2 IN 键），注入液体二氧化碳，当二氧化碳与脱水剂体积比达到 1∶1 时，关闭进给阀（再次点击 CO_2 IN 键）。打开排出阀（按 Exchange 键），直到腔内液体体积减少到圆窗底部，停止交换（再次按 Exchange 键）。初步置换完成后，浸润样品盒的脱水剂被有效去除，接下来仍须立刻进行两次置换，使二氧化碳与样品内的脱水剂充分置换。具体操作是，打开进给阀（点击 CO_2 IN 键），注入二氧化碳至圆窗顶部，停止注入，停留 15~30 min。打开排出阀，待腔内液体减少至圆窗底部时关闭排出阀。重复注入二氧化碳，再次打开进给阀，注入二氧化碳至圆窗顶部，停止注入，停留 15~30 min，打开排出阀，待腔内液体减少至圆窗底部时关闭排出阀（图 1-4-4）。

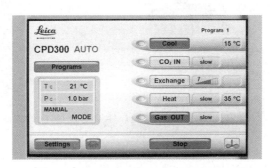

图 1-4-4　干燥仪控制界面

（引自：http://www.leica-microsystems.com/products/em-sample-prep/biological-specimens/room-temperature-techniques/drying/details/product/leica-em-cpd300/showcase/）

4. 气化与排气：设置腔内温度至 35℃（点击 Heat 键），升温过程约耗时 10 min，此时气压约为 7.16 MPa（Pc 显示约 78 bar），二氧化碳处于临界状态，停留 2 min。通过玻璃窗可观察到腔内二氧化碳蒸气的变化情况，开始时玻璃窗上出现的蒸气珠较大，分布较稀疏，随后蒸气珠变得细小而密集。当玻璃窗被乳白色雾状蒸气笼罩后，瞬间又变得清亮时，表明干燥室内二氧化碳液体已全部被气化。打开排气阀（点击 Gas OUT 键），放气完毕，Pc 显示 1 bar。

5. 取样：关闭二氧化碳气瓶，缓慢旋开干燥室盖子，取出样品盒。

6. 关闭电源，盖好盖子，防止进灰。

此时样品为白色,且非常干燥脆弱,须小心转移。

四、喷金

喷金方法主要有真空喷涂法和离子溅射法,由于离子溅射法具有用时短,易掌握金属喷涂厚度的优点,故为目前广泛采用。离子溅射仪是利用辉光放电的物理现象使金属溅射到样品表面。溅射腔内只需低真空(约 0.1 Pa)即可进入工作状态,喷金厚度可根据所加电压和电流大小及喷涂时间决定。电流小,喷金细腻,耗时长;电流大,喷金粗大,耗时短。现以 JEOL 公司生产的 JFC-1600 喷金机为例介绍具体操作。

1. 放置样品。

在样品台上贴好导电双面胶,将干燥后的样品粘于样品台上,粘样时应根据实验目的将样品的观察面尽量向上。取下喷金机盖子放在胶垫上,将粘好样品的样品台放在喷金机托盘上,盖好盖子。

2. 仪器操作。

仪器操作面板如图 1-4-5:

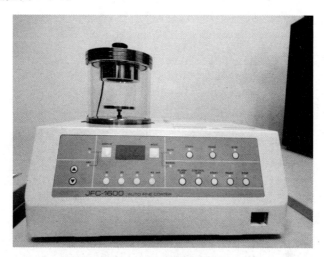

图 1-4-5　仪器操作面板

(引自 http://www.mse.nctu.edu.tw/en/equipment/ins.pHp?index_id=59)

(1) 打开电源;

(2) 设置喷金时间:按 DISPLAY,选 sec,按上、下键,将喷金时间设置为 30 s,喷金时间可适当调整;

(3) 设置喷金电流:直接点击"电流"按钮选择喷金电流,一般选择 20 或 30 mA,然后将灯丝电流慢慢开至锁定的位置;

(4) 设置喷金电压:按 DISPLAY,选 Pa。当腔内气压小于 25 Pa 时,液晶屏开始显示内部气压,按 MODE 选 AUTO;

(5) 抽真空及喷金:气压小于 20 Pa 时,可按 START,喷金机将自动抽真空 3 次。当气

压小于 2 Pa 时,自动开始镀金,这时可观察到紫红色辉光放电。待 START 指示灯熄灭,镀金结束;

(6) 关闭电源,取出样品,盖好盖子。

五、观察样品

1. 样品台放置与电镜开机:将喷过金的粘有样品的样品台放入电镜室,打开电镜,电镜开机一般需要先打开稳压器和冷凝水,最后将电镜打开(不同厂家的电镜开机方式有差别,须经专业电镜操作人员讲解后再操作)。电镜启动后,往往需等待一段时间,供电镜室抽真空,达到真空度后,灯丝即处于可启动的状态。

2. 样品观察:转动样品台移动把手,调整放大倍数(从最小慢慢增大),寻找要观察的视域,仔细调整焦距、消像散、调节亮度、对比度直到获得最满意的图像,拍照记录。

六、电镜关机

1. 保持电镜室高真空度的前提下,首先关闭操作系统电源,然后关闭电镜,最后关闭稳压器电源。

注意:不同厂家不同型号电镜关机顺序有差别,须经专业电镜操作人员讲解后再操作。

2. 一般 15 min 后关闭冷却水。

【结果与分析】

制样结束后,原本纯白的样品会覆盖一层深灰色、具金属光泽的颗粒层,这时可以放入扫描电镜样品仓进行观察。对于表面形貌复杂的样品,可从不同角度多次喷金,以求样品各侧面均有金粉覆盖。还可适当对样品进行解剖,将待观察部位尽量暴露在外。结果示例:

1. 植物花粉。

直接喷金即可观察,如图 1-4-6 所示,亮度与对比度的调节标准可概括为使图片最亮处

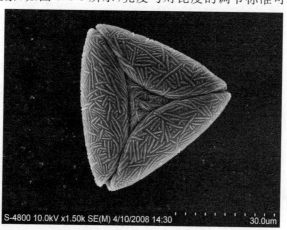

图 1-4-6 植物花粉扫描电镜照片

(图片由北京大学饶广远实验室李霞提供)

呈柔和的白色而非亮白,背景部分则尽量呈黑色。亮度的最低值应保证不丢失样品细节,在此亮度下,通过适当调整对比度,可呈现如图所示的沟壑立体的效果。

2. 蕨类植物精子器及螺旋鞭毛精子。

经过固定、干燥、喷金制样后进行观察,由于该器官表面并无丰富立体结构,所以需适当提高亮度,以保证不丢失细节,在此基础上适当调节对比度,呈现该器官完整表面样貌(图1-4-7)。

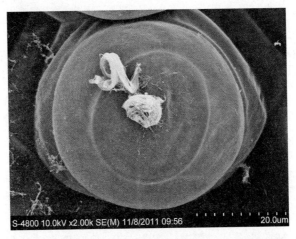

图 1-4-7　蕨类植物精子器及螺旋鞭毛精子扫描电镜照片

(图片由北京大学白书农实验室房昱含提供)

【注意事项】

样品的制备,应达到以下要求:

1. 尽可能保持样品活体时的形貌和结构,以便如实地反映样品本来面目。
2. 在样品的干燥过程尽可能减少样品变形。
3. 样品表面应有良好导电性能和二次电子发射率,以防止和减少样品的荷电效应。

【参考文献】

1. 付洪兰. 2004. 实用电子显微镜技术. 北京:高等教育出版社.
2. 陈力. 1998. 生物电子显微技术教程. 北京:北京师范大学出版社.
3. 西门纪业,葛肇生. 1979. 电子显微镜的原理和设计. 北京:科学出版社.

第二章 分子水平的检测技术

2-1 植物总 RNA 的提取及逆转录

【实验目的】

掌握 RNA 的提取和逆转录技术。

【实验原理】

在进行植物课题的研究过程中,无时无刻不用到 RNA 的提取和逆转录技术。

逆转录是提取出所需目的基因的 mRNA,并以之为模板人工合成 DNA 的过程。逆转录酶的作用是以 dNTP 为底物,以 RNA 为模板,tRNA(主要是色氨酸 tRNA)为引物,按 $5'→3'$ 方向,合成一条与 RNA 模板互补的 DNA 单链,这条 DNA 单链叫作互补 DNA(complementary DNA,cDNA),它与 RNA 模板形成 RNA-DNA 杂交体。随后又在逆转录酶的作用下,水解掉 RNA 链,再以 cDNA 为模板合成第二条 DNA 链。至此,完成由 RNA 指导的 DNA 合成过程。

mRNA 分子易被 RNase 降解,而 RNase 极为稳定且广泛存在,因此在提取过程中严格防止 RNase 的污染,并设法抑制其活性,是本实验成败的关键。所用的玻璃器皿需置于干燥烘箱中 200℃ 烘烤 2 h 以上。凡是不能用高温烘烤的材料(如塑料容器等)皆需用 0.1% 的焦碳酸二乙酯(DEPC)水溶液处理,DEPC 和 RNase 的活性基团——组氨酸的咪唑环反应,抑制 RNase 的活性。试验所用试剂也可用 DEPC 处理,方法为:加入 DEPC 至浓度为 0.1%(体积分数),过夜涡旋振荡使之完全混匀,再用高压蒸汽灭菌以消除残存的 DEPC。DEPC 能与胺和巯基反应,因而含 Tris 和 DTT 的试剂不能用 DEPC 处理,Tris 溶液可用 DEPC 处理的水配制,然后高压蒸汽灭菌。配制的溶液如不能高压蒸汽灭菌,可用 DEPC 处理水配制,并尽可能用未曾开封的试剂。

【试剂与器材】

一、试剂

DEPC 水:1000 mL ddH$_2$O 中加 DEPC 1 mL,配成终浓度为 0.1%,用磁力搅拌器室温搅拌过夜,121℃ 高压处理 20 min 以灭活 DEPC。

二、器材

匀浆器、手术器材(剪刀、镊子)、恒温箱、金属浴、EP 管、枪头(三种规格)、铝箔等。

【实验步骤】

植物总 RNA 的提取根据情况采用了 TRIZOL 提取法和试剂盒两种方法。

植物 RNA 提取试剂盒使用 QIAGEN RNeasy Plant Mini Kit。

一、TRIZOL 提取法

1. 液氮研磨花序组织至粉末状,倒入 1.5 mL EP 管中,加入 TRIZOL 1 mL。室温放置 5 min,使核蛋白复合物充分裂解。

2. 4℃,12 000 r/min 离心 10 min 以去除不溶的组织,吸取上清液入新管;加入氯仿 0.2 mL,充分摇动混匀,室温放置 2~3 min。

3. 4℃,12 000 r/min 离心 15 min,吸取上层水相入新管;加入 0.5 mL 异丙醇,室温放置 10 min 以沉淀 RNA。

4. 4℃,12 000 r/min 离心 10 min,弃上清液;用预冷的 75% 乙醇洗涤 RNA 沉淀,4℃,7500 r/min 离心 5 min。室温开盖放置以干燥沉淀。

5. 加入适量无 RNase 的 ddH_2O 溶解沉淀,即得到了总 RNA。

6. 消化 RNA 中混有的基因组 DNA:取总量不超过 5 μg 的 RNA,加入 DNase Ⅰ (10 U/mL) 1 μL,37℃ 温育 30 min。65℃ 放置 10 min 以终止反应并灭活 DNase。最后得到的 RNA 于 −80℃ 保存,或者直接进行 cDNA 的合成。

7. cDNA 第一链的合成使用 Invitrogen 公司的 SuperScript Ⅲ Reverse Transcriptase 试剂盒进行逆转录。操作方法如下:

(1) 在无 RNase 的 EP 管中加入下列组分:

50 μmol/L oligo(dT):1 μL;

10 mmol/L dNTP:1 μL;

植物总 RNA:10 pg ~ 5 μg;

用无 RNase 的 ddH_2O 补足体系至 13 μL。

65℃ 温育 5 min,冰上放置至少 1 min。

(2) 再继续加入下列组分:

5× First-Strand buffer:4 μL;

0.1 mol/L DTT:1 μL;

RNase 抑制剂:1 μL;

SuperScript Ⅲ RNase:1 μL。

充分混匀后,50℃ 温育 1 h,70℃ 灭活 15 min。得到的 cDNA 于 −80℃ 保存或直接用于下一步实验。

二、使用 OMEGA 植物 RNA 提取试剂盒提取 RNA

1. 收集植物组织,液氮研磨,后置于冰上,加入 RB 缓冲液 500 μL(用之前 1 mL RB 加入巯基乙醇 20 μL),涡旋混匀。14 000 g 室温离心 5 min。

2. 吸取上清液放到 gDNA filter Column 中,14 000 g 室温离心 2 min,用 1.5 mL 无 RNase 离心管收集流出液。

3. 在流出液中加入 0.5 倍体积的无水乙醇,上下混匀 5~10 次。

4. 将上述液体加入 RNA Mini Column 中,10 000 g 离心 1 min,倒掉流出液。加入 400 μL RWC 洗脱缓冲液(wash buffer),10 000 g 离心 1 min。

5. 换一个干净的收集管,加入 500 μL RNA 洗脱缓冲液 Ⅱ,10 000 g 离心 1 min(RNA 洗脱缓冲液 Ⅱ 用之前加入一定量的无水乙醇)。重复一次。

6. 倒掉流出液,放回收集管,10 000 g 离心 2 min,完全消除无水乙醇。

7. 换新的 1.5 mL 离心管,加入 DEPC 水 30 μL,室温放置 2 min,10 000 g 离心 1 min,洗脱 RNA。RNA 保存 −80℃,避免反复冻融。

8. 使用 TOYOBO 逆转录试剂盒(FSQ101)逆转录 RNA,具体步骤如下:

(1) 每管 RNA 中加入 1 μL 无 RNase 的 DNase,37℃ 孵育 30 min 消化 DNA,65℃ 15 min 使 DNase 失活。

(2) 测 RNA 浓度。

(3) 配制逆转录体系:

  无核酸酶的水(Nuclease-free water):n μL;
  5×RT 缓冲液(5×RT buffer):2 μL;
  RT 酶混合物(RT enzyme mix):0.5 μL;
  引物混合物(primer mix):0.5 μL;
  RNA:0.5 pg~1 μg;
  总体积 10 μL。

(4) 37℃ 反应 15 min,98℃ 5 min 终止反应,将逆转录的 cDNA 保存于 −20℃。

【结果与分析】

rRNA 条带亮度一般表现为:28S>18S>5S,如果 5S rRNA 条带过亮,则说明 RNA 发生降解。

【注意事项】

1. RNA 制备的关键是要抑制细胞中的 RNA 分解和防止所用器具及试剂中的 RNase 的污染。因此,在实验中必须采取以下措施:戴一次性手套;使用 RNA 操作专用实验台;在操作过程中避免说话等。

2. 尽量使用一次性塑料器皿,若用玻璃器皿,应在使用前按下列方法进行处理:用 0.1%DEPC 水溶液处理 12 h,然后在 120℃下高温灭菌 30 min 以除去残留的 DEPC(RNA 实验用的器具建议专门使用,不要用于其他实验。)。

3. DEPC 属于致癌物质,易挥发,要小心在通风橱中操作,高压蒸汽处理后会分解,其毒力消失。(用来泡器械的溶液不用高压蒸汽处理,用来配制试剂的溶液要高压蒸汽处理)。

【参考文献】

陈锐.2012.水稻雄蕊早期发育过程的全基因组表达谱研究.北京:北京大学生命科学学院.

2-2 全转录组扩增及目的基因表达水平定量检测

【实验目的】

掌握利用 qRT-PCR 检测基因的表达模式的技术方法。

【实验原理】

经过 RNA 逆转录生成的 cDNA,能够比较忠实地反映样品中 mRNA 的丰度,以 cDNA 为模板的 PCR 反应刚刚进入对数期时,原始模板浓度及体系等差异尚未放大,扩增的目的片段的量可以近似地看作只与起始模板浓度、扩增效率有关。实时荧光定量 PCR(Quantitative Real-time PCR)是一种在 DNA 扩增反应中,以荧光化学物质测定每次聚合酶链式反应(PCR)循环后产物总量的方法。它是通过内参或者外参法对待测样品中的特定 DNA 序列进行定量分析的方法。

SYBR green Ⅰ是荧光定量 PCR 最常用的 DNA 结合染料,与双链 DNA(dsDNA)非特异性结合,在游离状态下,SYBR green Ⅰ发出微弱的荧光,一旦染料与 dsDNA 结合,其荧光增加 1000 倍。在 PCR 反应体系中,通常加入过量 SYBR 荧光染料。染料非特异性地掺入 DNA 双链后,发射荧光信号,而不掺入链中的 SYBR 染料分子不会发射任何荧光信号,从而保证荧光信号的增加与 PCR 产物的增加完全同步。当探针完整的时候,报告基团所发射的荧光能量被淬灭基团吸收,仪器检测不到信号。随着 PCR 的进行,Taq 酶在链延伸过程中遇到与模板结合的探针,其 3′→5′外切核酸酶活性就会将探针切断,报告基团远离淬灭基团,其能量不能被吸收,即产生荧光信号。所以,每经过一次 PCR 循环,荧光信号也和目的片段一样,有一个同步指数增长的过程。信号的强度就代表了模板 DNA 的拷贝数。SYBR 仅与双链 DNA 进行结合,因此可以通过溶解曲线,确定 PCR 反应是否特异。定量 PCR 的扩增产物要求在 75~200 bp 之间,片段越短,扩增效率越高,用 Primer premier 5 或者 NCBI primer blast 设计引物。进行正式的定量 PCR 前,对反应体系进行评估,主要通过溶解曲线来判断反应是否特异,有无污染和杂带。

为了取得良好的重复数据以及扩增曲线,应在标准曲线范围内取适中模板量,太微量的模板,扩增曲线不好;太大量的模板,则可能含有高浓度的抑制剂抑制反应。每种样品至少设置3个重复,并且设置不加模板的对照。

PCR反应程序可使用三步法,也可以使用特异性更高的两步法。

可以用Power($2,-\Delta\Delta Ct$)算法来计算不同样品之间的模板比例。在该算法中,默认了反应的扩增效率为2,真正的扩增效率可由标准曲线的斜率算得。

$$\Delta Ct = \Delta Ct(test) - \Delta Ct(calibrator)$$
$$= (mutant\ A - mutant\ INPUT) - (Col\ A - Col\ INPUT)$$

实时荧光定量PCR是迄今为止定量最准确、重现性最好的定量方法,已得到全世界的公认,广泛用于基因表达研究、转基因研究等诸多领域。

【试剂与器材】

一、试剂

QIAGEN RNeasy Plant Mini Kit;QuantiTect® Whole Transcriptome Kit;TaKaRa SYBER Premix Ex Taq。

二、器材

ABI 7500 Fast型实时荧光定量PCR系统。

【实验步骤】

一、微量RNA提取

使用QIAGEN RNeasy Plant Mini Kit:

1. 在体视镜下使用微量取样器解剖出拟南芥3期和4期的雄蕊,并置于500 μL无RNase污染的离心管中(液氮中操作),材料收集后(大约每个时期选取12朵花进行解剖)置于−80℃保存。

2. 微量研磨器(上海生工)提前洗净置于氯仿中处理过夜,使用微量研磨器研磨收集的雄蕊样品。研磨过程中注意避免样品融化。

3. 参照QIAGEN RNeasy Plant Mini Kit试剂盒中说明书的方法进行RNA的提取。

4. 加入DNase I 1 μL,37℃消化30 min,然后65℃失活15 min。取1 μL在NanoDrop检测浓度后,剩余RNA冻于−80℃备用或进行下一步实验。

二、全转录组扩增

使用QIAGEN公司的QuantiTect® Whole Transcriptome Kit,参照说明进行:

1. RT混合物(RT mix)制备:取RNA 50ng加入T-script缓冲液4 μL,T-scriptase

1 μL涡旋混匀后离心,37℃保温 30 min,然后 95℃处理 5 min。

2. 连接混合物(ligation mix)制备(试剂需要现用现制)。

逆转录后的产物涡旋混匀后离心,依次加入:

连接缓冲液(ligation buffer):6 μL;

连接试剂(ligation reagent):2 μL;

连接酶 1(ligation enzyme 1):1 μL;

连接酶 2(ligation enzyme 2):1 μL;

涡旋混匀后离心,22℃反应 2 h。

3. 扩增混合物(amplification mix)制备(需现用现制)。

上述反应后的体系中依次加入:

Midi 反应缓冲液(Midi reaction buffer):29 μL;

Midi DNA 聚合酶(Midi DNA polymerase):1 μL。

涡旋混匀后离心,30℃反应 2~8 h。期间可于不同时间点取样检测 DNA 含量(本次实验扩增 3 h,扩增产物浓度约 2.2 μg/μL)。之后 95℃处理 5 min 以终止反应。扩增产物于 −80℃保存或进行下一步实验。

三、扩增产物纯化

取 30 μL 扩增产物,使用 QIAGEN PCR 产物纯化试剂盒,按照推荐步骤进行纯化,用 ddH$_2$O 30 μL 溶解。稀释 100 倍后作为定量 PCR 模板使用。

四、定量 PCR 反应体系

使用 18S 或者 actin 作为内参,按照 TaKaRa SYBER Premix Ex Taq 说明书,每 20 μL 反应体系加入稀释后的扩增产物 0.3 μL 作为模板进行 PCR。

20 μL 反应体系:

2× SYBR® Green PCR Master Mix:10 μL;

Primer-1(2.5 μmol/L):1 μL;

Primer-2(2.5 μmol/L):1 μL;

ROX Dye(50×):0.4 μL;

cDNA:2 μL(小于 100ng);

ddH$_2$O 补足体积至 20 μL,每个基因做 3 个重复。

五、实时定量 RT-PCR 反应程序

按照 TaKaRa SYBER Premix Ex Taq 说明书进行。

	预变性	95℃	30 s	
	变性	95℃	5 s	⎫
	退火延伸	60℃	34 s	⎭ 40 次循环

六、数据分析

反应结束后,用 2-ΔΔC(t)的分析方法分析基因表达的差异或者由 ABI7500 软件直接导出实验数据后分析。

【结果与分析】

由 ABI7500 软件直接导出实验数据后分析。

【注意事项】

1. 定量 PCR 的反应体系与普通 PCR 体系有区别:定量 PCR 20 μL 的反应体系中,引物终浓度为 0.2 μmol/L,普通 PCR 的引物浓度一般为 0.5 μmol/L,降低引物浓度是为了避免引物过多,产生二聚体。

2. 定量实验,误差是不可避免的。设立重复实验,对数据进行统计处理,可以将误差降低到最小。所以定量实验的每个样本至少要重复 3 次以上。

【参考文献】

1. Becker K D, Pan, Whitley C B. 1999. Real-time quantitative polymerase chain reaction to assess gene transfer. Hum Gene Ther, 10: 2559—2566.

2. de Kok J B, Hendriks J C, van Solinge W W, et al. 1998. Use of real-time quantitative PCR to compare DNA isolation methods. Clin Chem, 44(10): 2201—2204.

2-3 Southern 杂交

【实验目的】

学习和掌握 Southern 杂交技术的原理和操作方法。

【实验原理】

一、Southern 杂交原理

Southern 杂交是分子生物学的经典实验方法。其基本原理是将待检测的 DNA 样品固定在固相载体上,与标记的核酸探针进行杂交,在与探针有同源序列的固相 DNA 的位置上显示出杂交信号。通过 Southern 杂交可以判断被检测的 DNA 样品中是否有与探针同源的片段以及该片段的长度。该项技术已广泛应用于检测样品中 DNA 及其含量、DNA 指纹分析和 PCR 产物判断等研究中。

所谓 DNA 探针,实际上是一段已知序列的基因片段。如果靶基因和探针的核苷酸序列互补,就可按碱基配对原则进行核酸分子杂交,从而达到检测样品基因的目的。

主要的探针标记方法有生物素标记、DIG(DIG,一种甾类半抗原)标记和同位素标记等。DIG 标记和检测都比较灵敏快捷,目前得到了广泛的应用。在 PCR 法标记的反应液中,DIG-dUTP 作为合成底物,以单链 DNA 作为模板,在 DNA 聚合酶的作用下,扩增特异区段的模板 DNA。以 DIG 标记的探针与靶基因 DNA 链杂交后,再通过免疫反应进行检测。通过酶标记 DIG 抗体检测,可以肯定杂交反应存在。免疫检验一般用碱性磷酸酶系统,BClP/NBT 显色。敏感性很高。

二、核酸探针膜上杂交原理

1. 杂交总原则

脱氧核苷酸通过磷酸二酯键缩合成长链,构成 DNA 一级结构。两条碱基互补的多核苷酸链按碱基配对原则形成双螺旋,构成 DNA 的二级结构。某些条件(如酸碱,有机溶剂,加热)可使氢键断裂,DNA 双链打开成单链,然后又重新结合。所谓杂交,是具有一定互补序列的核酸单链(DNA 单链)与序列同源的单链以碱基互补的原则结合成异源性双链的过程。

2. 杂交膜的选择

杂交膜可以选择硝酸纤维素膜和尼龙膜。硝酸纤维素膜的优点在于本底较低,但只能用于显色性检测,且不能用于重复杂交。尼龙膜分为带正电的膜和不带电的膜两种。带正电的膜对核酸结合力强,敏感性也高。不带电的膜结合力低。敏感性差。尼龙膜的优点在于杂交用过的膜,用洗脱液(0.1×SSC,0.1%SDS)煮沸 5~10 min 后去探针,可用于新的探针杂交。如果对杂交结果不满意,如背景太高或显色不强,也可洗去探针之后重新杂交。

【试剂与器材】

一、试剂

1. 变性液:0.5 mol/L NaOH,1.5 mol/L NaCl。

2. 中和液:0.5 mol/L Tris-HCl(pH 7.4),3 mol/L NaCl。

3. (1) 20×SSC:0.3 mol/L 柠檬酸钠,3 mol/L NaCl,pH 7.0。

(2) 2×SSC:0.03 mol/L 柠檬酸钠,0.3 mol/L NaCl,pH 7.0。

4. 马来酸缓冲液(maleic acid buffer):马来酸 11.61 g,NaCl 固体 8.775 g,NaOH 调 pH 至 7.5,加水至 1L。

5. 洗脱缓冲液(washing buffer):马来酸 11.61 g,NaCl 固体 8.775 g,NaOH 调 pH 至 7.5,加入 0.3% Tween-20,加水至 1L,过滤灭菌。

6. 检测缓冲液(detection buffer):0.1 mol/L Tris,0.1 mol/L NaCl,pH 9.5。

二、器材

水浴锅,电泳仪,杂交炉,烤箱,摇床,电泳槽,培养箱,带正电的尼龙膜,杂交瓶,吸水纸,滤纸,玻璃板,玻璃棒,培养皿等。

【实验步骤】

1. 采用 PCR DIG Probe Synthesis Kit 标记 DNA 探针。

以植物 DNA 为模板,反应液分别添加 DIG 混合物和不添加 DIG 混合物,PCR 扩增序列特异性片段,回收片段,分别取 5 μL 进行电泳检测,标记后的条带应稍大于未标记的片段。标记好的 DNA 探针 4℃ 保存。

表 2-3-1　PCR 标记探针用量

试剂	DIG 标记探针的体积	DIG 未标记探针的体积	终浓度
ddH$_2$O	适量	适量	—
PCR 缓冲液(vial 3)	5 μL	5 μL	1×
PCR DIG 混合物(vial 2)	5 μL	—	200 μmol/L dNTPs
dNTP 储备液(vial 4)	—	5 μL	200 μmol/L dNTPs
上下游引物	适量	适量	每一引物 0.1～1 μmol/L
酶混合物(enzyme mix)(vial 1)	0.75 μL	0.75 μL	2.6 U
模板 DNA	适量	适量	10 ng 基因组 DNA
总反应体积	50 μL	50 μL	

运行 PCR 反应,30 次循环:

变性　95 ℃　30 s
退火　60 ℃　30 s　　30 次循环
延伸　72 ℃　40 s

2. 采用 SDS 法提取高质量的基因组 DNA(浓度 >1 μg/μL)。

(1) 研钵洗净、灭菌,放入 0.5 g 新鲜幼嫩的材料,于液氮中迅速研成细粉,转入 1.5 mL 的离心管中,加入 0.5 mL 提取液(100 mmol/L Tris-HCl,pH 8.0;50 mmol/L NaCl;5% 巯基乙醇),混匀。

(2) 加入 1/10 体积的 20% 的 SDS 溶液,充分混匀,65℃,保温 30 min。冷至室温后,加入 1/3 体积的 5 mol/L KAc 溶液,充分混匀,冰上放置 30 min,以沉淀蛋白和多糖。室温下,14 000 r/min 离心 20 min。

(3) 取上清液,用等体积的氯仿抽提,直到两相界面无蛋白沉淀。

(4) 取上相,加入 2 倍体积的无水乙醇以沉淀核酸,混匀后,−20℃ 放置 30 min。

(5) 低速(8000 r/min)离心 10 min,收集沉淀,70% 乙醇洗涤沉淀 3 次。

(6) 将沉淀进行真空抽干后,溶于 100 μL 灭菌的去离子水中,加入无 DNase 的 RNase 至浓度为 1 mg/mL,37℃ 下,保温 30 min 以消化 RNA。

(7) 消化结束后,取样用 0.8%的琼脂糖凝胶电泳,观察。

3. 基因组 DNA 酶切。

(1) 选择合适的内切酶(酶切 DNA 的量约为 20 μg)。

50 μL 酶切反应体系:

　　$EcoR$ I (15U/μL),5 μL;

　　10×M 缓冲液,5 μL;

　　gDNA,10 μL(约 10~20 μg);

　　ddH_2O,补足至 50 μL。

(2) 37℃酶切 12 h,电泳检测酶切效果,视酶切情况可延长酶切时间,直至酶切完全。65℃保温 10 min 停止酶切反应。

4. 预电泳和电泳。

(1) 配制 0.8%的琼脂糖凝胶。

(2) 加入适量上样缓冲液,点样,同时将基因组未酶切 DNA 作对照。

(3) 电泳开始为 120V 5 min,然后 40V 4 h。当溴酚蓝前沿跑至胶边约 1 cm 处时,停止电泳。

5. 转移胶处理与转膜。

(1) 电泳后凝胶用 EB 染色,紫外光下拍照,然后切下 marker 和右上方一角。

(2) 将凝胶浸入 0.25 mol/L HCl 中处理 10 min。HCl 的主要作用是通过作用于嘌呤使 DNA 分子断裂,从而有利于大分子 DNA 的转移,但 HCl 处理的时间不能过长。若要转移全部小于 10 kb 的 DNA 片段,可省略此步骤。

(3) 将凝胶用蒸馏水漂洗 20~30 min。

(4) 将凝胶浸入变性液中,室温浸泡 2 次,每次 15 min。

(5) 将凝胶用蒸馏水漂洗 2 次。

(6) 将凝胶浸入中和液中,室温浸泡 2 次,每次 15 min。

(7) 处理凝胶的同时,准备一张同样大小带正电的尼龙膜。尼龙膜预先用 2×SSC 浸泡。准备两张 Whatman3♯滤纸和吸水用的粗滤纸。注意不要用手直接触及膜面。

(8) 准备转移用容器和支架,容器中放入 20×SSC 溶液。支架上搭滤纸桥,使溶液能够虹吸上来。

(9) 依次放置:处理好的凝胶、带正电的尼龙膜、吸水纸、玻璃板、500~1000 g 适量重物。

(10) 室温转移 12~20 h。

(11) 取出转移膜,用 2×SSC 溶液漂洗数次,以去处吸附在膜上的凝胶。

6. 固定,预杂交,杂交,采用 DIG-High Prime DNA Labeling and Detection Starter Kit I。

(1) 固定。可选择下述方法之一进行 DNA 固定:

① 紫外线固定:使用长波紫外线照射 10~20 min,简单漂洗,干燥备用。

② 把膜放在两层干燥的吸水纸中央,80℃烘烤 2 h。处理后的膜直接用于杂交或用保鲜

膜包裹，干燥保存于冰箱。

（2）配制 DIG 杂交液：用无菌 ddH$_2$O 64 mL 分两次加入 DIG Easy Hyb Granules(vial 7)中，迅速 37℃振荡 5 min 至溶解。（注意：试剂盒中 vial 7 原试剂呈冻干粉样，为约 75 mL 的小瓶包装，配制杂交工作液时，若一次加入 64 mL ddH$_2$O，会产生大量气泡，至溶液溢出，造成损失，因此，应先少量加入 ddH$_2$O，待试剂溶解后再加入剩下的部分 ddH$_2$O）。

（3）将预先加入杂交液的杂交瓶预热至 42℃，固定好的尼龙膜轻轻卷成圆柱状放入杂交瓶中，42℃预杂交 30 min，以封闭非特异性位点。

（4）倒掉预杂交液。标记好的探针（25 ng/mL）加入 1.5 mL 管并用封口膜封好，沸水浴 5 min。迅速冰上冷却后，加入预热至 42℃的杂交液中（3.5 mL/100 cm^2）。加液顺序：沿壁加 5 mL 杂交液、探针、5 mL 杂交液，防止产生气泡。

（5）将尼龙膜完全接触杂交液，42℃杂交 16～20 h，杂交过程避免有气泡。

7. 洗膜。

（1）低严谨洗脱。杂交结束后用 2×SSC，0.1%SDS 洗脱液（现配现用 25℃预热），15～25℃振荡洗涤 2 次，每次 5 min。

（2）高严谨洗脱。预热的 0.5×SSC，0.1%SDS 洗脱液（现配），65～68℃振荡洗涤 2 次，每次 15 min，在杂交炉中进行。

（3）再用 100～150 mL 洗脱缓冲液洗膜 5 min，滤干洗液进行显色处理。

8. 显色。

(1) 试剂配制（现配）。

① 封闭液（1×工作液）的配制：取 12 mL 的 10×blocking solution (vial 6)用马来酸缓冲液稀释至 120 mL。

② 抗体溶液的配制：每次使用前将 anti-Digoxigenin-AP（vial 4）10 000 r/min 离心 5 min，吸取 4 μL 上清液加入 20 mL 封闭液（1×工作液）中。

③ 显色液的配制：将 NBT/BCIP 储存液（vial 5）的上清液 200 μL 加入 10 mL 检测缓冲液中（避光保存）。

（2）将杂交膜置于盛有 100 mL 封闭液的培养皿中，室温缓慢摇动 30 min。

（3）将膜转到盛有 20 mL 抗体溶液的培养皿中，室温缓慢摇动 30 min。

（4）在 100 mL 的洗脱缓冲液中洗膜 2 次，每次 15 min，缓慢振荡。

（5）在 20 mL 检测缓冲液中平衡 2～5 min，缓慢摇动。

（6）用新配制的 10 mL 显色液温浴膜，黑暗静置（37℃培养箱）至出现明显条带（3～20 h）。

（7）用 TE 缓冲液 50 mL 洗膜 5 min 以 停止显色，白光拍照记录。

【结果与分析】

DNA 在膜上反应呈带状，根据杂交得到的结果，比较分析内切酶消化后的杂交结果，确定被检测基因的拷贝数（图 2-3-1）。

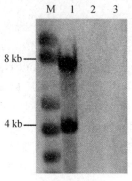

**图 2-3-1　对野生种水稻测序获得的新的 EST 序列 Xa21_3892
进行 Southern 杂交分析验证**

M：分子标记；1：*O. longistaminata* 基因组 DNA；2：IR36 基因组 DNA；3：Nipponbare 基因组 DNA。由杂交结果可以看到，根据测序得到的 EST 序列设计的探针可以在野生种 DNA 酶切产物中，通过杂交在膜上呈两条带状，而其他两个栽培种没有，该结果证明通过深度测序得到的该 EST 序列是在野生种水稻中特有的。

【注意事项】

1. 注意转膜时不要在凝胶和硝酸纤维素膜之间产生气泡。

2. 转膜必须充分。

3. 杂交条件摸索很重要，可以预先做斑点杂交预实验，确定合适的杂交条件和探针浓度。

【参考文献】

1. 饶力群,胡颂平,等.2013.植物分子生物学技术实验指导. 北京：化学工业出版社.

2. Höltke H J, et al. 1995. The Digoxigenin (DIG) System for non-radioactive labeling and detection of nucleic acids-an overview. Cell Mol Biol, 41：883.

3. Neuhaus-Url G, Neuhaus G. 1993. The use of nonradioactive digoxigenin chemiluminescent technology for plant genomic Southern blot hybridization: a comparison with radioactivity. Transgenic Res, 2：115—120.

4. Yang H, Hu L, Hurek T, Reinhold-Hurek B. 2010. Global characterization of the root transcriptome of a wild species of rice, Oryza longistaminata, by deep sequencing. BMC genomics, 11：705.

2-4　Northern 杂交

【实验目的】

学习和掌握 Northern 杂交技术的原理和操作方法。

【实验原理】

在变性条件下将待检的 RNA 样品进行琼脂糖凝胶电泳,继而按照与 Southern 杂交相同的原理进行转膜和用探针进行杂交检测。同样以 DIG Northern 标记及杂交检测试剂盒为例进行方法介绍,试剂盒采用体外转录法,以 DIG 标记的 UTP 为底物,进行 RNA 探针的标记合成,所获得的单链 RNA 探针用于后续的杂交反应,带有 DIG 标记的杂交子通过酶联免疫反应和 CDP-Star 底物进行化学发光检测。利用体外转录法和 DIG-11-UTP 对 DNA 模板进行体外转录标记,获得 DIG 标记的 RNA 探针。试剂盒中的标记反应液为浓度优化的 DIG-UTP 和 dNTPs 的混合物,结合特殊优化的转录缓冲液、合适的 RNA 聚合酶以及线性化 DNA 模板进行高效标记反应。

【试剂与器材】

一、试剂(所有溶液用经过 DEPC 处理的水制备)

1. 总 RNA 样品或 mRNA 样品,探针模板 DNA。
2. DEPC 水。
3. 0.2 mol/L EDTA(pH 8.0),灭菌。
4. 10×MOPS(pH 7.0)（含 NaOH）：200 mmol/L MOPS,50 mmol/L NaAc,20 mmol/L EDTA。
5. 加样缓冲液(每次使用前新鲜制备)：100% 甲酰胺 250 μL,37% 甲醛 83 μL,10×MOPS 50 μL,100% 甘油 50 μL,2.5% 溴酚蓝 10 μL,经 DEPC/DMPC 处理的水 57 μL。
6. 含甲醛(2%)凝胶：琼脂糖 1.8 g,1×MOPS 141.9 mL,37% 甲醛 8.1 mL。
7. 电泳缓冲液：1×MOPS。
8. 20×SSC：NaCl 87.65 g,柠檬酸钠 44.1 g,pH 7.0,加 ddH$_2$O 至 500 mL,灭菌。
9. (1) 洗涤缓冲液：0.1 mol/L 马来酸,0.15 mol/L NaCl；pH 7.5(20℃)；0.3%(体积分数) Tween-20。
   (2) 马来酸缓冲液：0.1 mol/L 马来酸,0.15 mol/L NaCl； 使用固体 NaOH 调整 pH 至 7.5(20℃)。
10. 检测缓冲液：0.1 mol/L Tris-HCl,0.1 mol/L NaCl,pH 9.5(20℃)。

二、器材

带正电荷的尼龙膜,Whatmann 3MM 纸。

恒温水浴箱,电泳仪,凝胶成像系统,烘箱,真空转移仪,真空泵,杂交炉,恒温摇床,脱色摇床,漩涡振荡器,分光光度计,微量移液器,电炉(或微波炉),离心管,烧杯,量筒,三角瓶等。

【实验步骤】

一、实验前准备

建议在洁净条件下和无 RNase 污染条件下进行实验,所有溶液用经过 DEPC 处理的水制备,溶液均经高压蒸汽灭菌处理,将 Tween-20 加入到预先灭菌的溶液。并且使用洁净的孵育容器,所有孵育容器在使用前用 RNAZap 和 DEPC 水严格洗涤和漂洗,玻璃器皿使用前 180℃烘烤 8 h。

二、通过总 RNA 的 RT-PCR 和 PCR 方法制备 DNA 模板

应用 Expand High Fidelity PCR System 进行 PCR 反应步骤:

1. 按表 2-4-1 依次加入各试剂。

表 2-4-1 用于 PCR 反应的试剂

试剂	体积	终浓度
ddH_2O,DEPC 处理	适量	—
Expand buffer	5 μL	1×
10 mmol/L dATP,dCTP,dGTP,dTTP	各 1 μL	0.2 mmol/L
上下游引物	适量	每一引物 300 nmol/L
Expand High Fidelity	0.75 μL	2.6 U
cDNA	2 μL	1 μg/mL
总反应体积	50 μL	

2. 运行 PCR 反应,30 次循环:

变性 94 ℃ 45 s ┐
退火 60 ℃ 45 s ├ 30 次循环
延伸 72 ℃ 90 s ┘

三、DIG 的 DNA 标记(被标记的 RNA 长度范围在 200~1000 bp)

取一支灭菌反应管,将 PCR 产物 4 μL(100~200ng)加入无菌 ddH_2O(经 DMPC 或 DEPC 处理),至终体积 10 μL。

如下依次加入试剂,注意在冰上操作:

标记混合物(labeling mix),5×(管 1a),4 μL→转录缓冲液(transcription buffer),5×(管 1b),4 μL→RNA 聚合酶(RNA polymerase),2 μL。

将各试剂混匀,42℃孵育1h。

加入 DNase Ⅰ 2 μL,在无 RNase 污染状态下去除模板 DNA,37℃孵育 15 min。

加入 0.2 mol/L EDTA(pH 8.0)2 μL,终止反应。

四、检测并定量标记反应效率

1. 对于标记获得的探针,和作为对照的标记 RNA,分别从不同稀释浓度取 1 μL 点样于尼龙膜。

2. 通过 120℃烘烤 30 min 的方法将核酸固定在膜上。

3. 将膜转移到装有 20 mL 洗涤缓冲液的塑料容器中,15~25℃振荡孵育 2 min。

4. 在 10 mL 封闭工作液中孵育 30 min。

5. 在 10 mL 抗体工作液中孵育 30 min。

6. 用 20 mL 洗涤缓冲液洗涤 2 次,每次 15 min。

7. 在 10 mL 检测缓冲液中平衡 2~5 min。

8. 将 RNA 点样的膜面朝上,置于折叠夹(或杂交袋)中,向膜上滴加 CDP-Star(瓶 7,约 4 滴),立即盖上封盖使 CDP-Star 均匀分布在膜表面,并防止气泡的产生。擦去溢出折叠夹或杂交袋的多余液体,15~25℃孵育 5 min。

注意:曝光过程中勿使膜干燥,否则将引起黑色背景。

9. 在 15~25℃条件下,采用图像系统或用 X 射线胶片曝光 5~25 min。

10. 针对对照 RNA 和标记获得的探针,比较两者稀释物的样本点的显色差异,由此计算出 DIG 标记 RNA 探针的产量。

五、跑胶

总 RNA 为检测样本,建议每个泳道上样量不超过 1 μg;如果使用 mRNA 为检测样本,建议每个泳道上样量为 100 ng。

1. 在 RNA 样本中加入 20 μL(2~3 倍体积)加样缓冲液。

2. 将 RNA 样本和加样缓冲液混匀,65℃下变性 10 min。

3. 冰上放置 1 min。

4. 在无 RNase 污染的电泳槽中启动电泳,3~4 V/cm 条件下至少电泳 2 h(建议过夜),至 RNA 条带完全分离。

5. 将凝胶短暂浸泡在 0.25~0.5 μg/mL EB 中染色,紫外观察电泳结果。

六、RNA 转膜和固定

1. 转膜前将凝胶在 20×SSC 中洗涤 2 次,每次 15 min。

2. 采用毛细管转印的方法,在 20×SSC 中转膜过夜(至少 6 h)。

3. 80℃烘烤固定,在 2×SSC 中简单洗膜 2 次。将尼龙膜放在 80℃下真空烘烤 2 h。将干燥的膜 4℃存储备用。

七、杂交

1. 分两次小心地将无菌 ddH$_2$O(DEPC 处理)64 mL 加入到 DIG Easy Hyb Granule(瓶 9)中,立即在 37℃下搅拌 5 min 至完全溶解。15～25℃条件下该工作液可稳定保存 1 个月。将适量体积的 DIG Easy Hyb 缓冲液(10～15 mL/100 cm^2 膜)预热到杂交温度(68℃)。将 RNA 转移并固定后的膜放入杂交缓冲液,在适当的容器中温和振荡 30 min,进行预杂交。注意:在容器中,加入足够的缓冲液,使膜能够自由地移动,尤其是在预杂交溶液中同时放入几张膜进行操作时。

2. 取适量 DIG 标记的 RNA 探针(在杂交液中浓度约为 100 ng/mL),将探针放入沸水浴中变性,5 min 后立即置于冰上或冰水浴中冷却。注意:RNA 探针不能用碱处理(NaOH)的方法变性,否则将引起探针降解。

3. 将变性的 DIG 标记探针加入到预热的 DIG Easy Hyb 缓冲液(每 100 cm^2 的膜使用 3.5 mL 缓冲液)中,充分混匀。注意:要避免产生气泡(气泡容易导致背景的产生)。

4. 倒出预杂交液,在膜上加入探针杂交液。68℃下温和振荡孵育 6 h 或延长孵育至过夜。

八、洗涤

1. 用足量的 2×SSC,0.1%SDS 在 15～25℃连续振荡洗膜 2 次,每次 5 min。

2. 68℃,用足量的 0.1×SSC,0.1%SDS(预热到 68℃)连续振荡洗膜 2 次,每次 15 min。

九、免疫检测

封闭溶液和抗体溶液配制同"Southern 杂交"。

1. 在杂交和严谨洗涤步骤后,将膜简单地用洗涤缓冲液漂洗 1～5 min。

2. 在 100 mL 封闭工作液中孵育 30 min。

3. 在 50 mL 抗体工作液中孵育 30 min。

4. 用 100 mL 洗涤缓冲液洗涤 2 次,每次 15 min。

5. 在 100 mL 检测缓冲液中平衡 2～5 min。

6. 将含 RNA 样品的膜面朝上,置于折叠夹(或杂交袋)中,向膜上滴加 1 mL CDP-Star,Ready-To-Use(瓶 7),使 CDP-Star 均匀浸润膜,立即盖上封盖并防止气泡的产生,使底物在膜上的分布更加均匀。擦去溢出折叠夹或杂交袋的多余液体,15～25℃孵育 5 min。

注意:曝光过程中勿使膜干燥,否则将引起黑色背景。

7. 在 15～25℃条件下,采用图像系统曝光 5～20 min,或者用 X 射线胶片曝光 15～25 min。注意:化学发光的持续时间至少可达 24 h。在检测反应开始后的几小时内,信号强度是不断增强的,并将达到一个阈值,因此在此期间可进行多次曝光以获得理想的信号强度。

【结果与分析】

根据杂交的结果,确定目标基因转录的表达量。

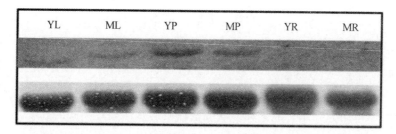

图 2-4-1 Northern 杂交检测 OsCYP96B4 基因在不同组织的表达量,根据杂交的结果,确定目标基因转录的表达量

YL,幼叶;ML,成熟叶;YP,幼穗;MP,成熟的穗;YR,幼根;MR,成熟根

【注意事项】

1. 一定要在洁净条件下和无 RNase 污染条件下进行实验,所有溶液必须用经过 DEPC 处理过的水制备,溶液均经高压蒸汽灭菌处理,将 Tween-20 加入到预先灭菌的溶液。

2. 转膜时不要有气泡,若有气泡产生,应用玻璃棒将气泡排走。

【参考文献】

1. 饶力群,胡颂平,等,编著. 2013. 植物分子生物学技术实验指导. 北京:化学工业出版社.

2. Höltke H J, et al. 1995. The Digoxigenin (DIG) System for non-radioactive labeling and detection of nucleic acids-an overview. Cell Mol Biol, 41: 883.

3. Sambrook J, Fritsch E M, Maniatis T. 1989. Molecular Cloning: A Laboratory Manual, 2nd. New York: Cold Spring Harbor Laboratory, Cold Spring Harbor Labor.

4. Logel J, Dill D, Leonard S. 1992. Synthesis of cRNA probes from PCR-generated DNA. Biotechniques, 13: 604—610.

5. Kroymann J, Ramamoorthy R, Jiang S Y, Ramachandran S. 2011. Oryza sativa Cytochrome P450 Family Member OsCYP96B4 Reduces Plant Height in a Transcript Dosage Dependent Manner. PloS one 6, e28069.

2-5 原位杂交

【实验目的】

1. 掌握在光镜或电镜下观察目的 mRNA 或 DNA 的存在并定位的方法;
2. 了解在原位研究细胞合成某种多肽或蛋白质的基因表达模式的方法。

【实验原理】

原位杂交是指将特定标记的已知顺序核酸作为探针,与细胞或组织切片中核酸进行杂交,从而对特定核酸顺序进行精确定量定位的过程。它是运用寡核苷酸等探针检测细胞和组织内 RNA 表达的一种技术。其基本原理是:在细胞或组织结构保持不变的条件下,用标记的已知的 RNA 核苷酸片段,根据核酸杂交中碱基配对原则,与待测细胞或组织中相应的基因片段相结合(杂交),形成的杂交体(hybrids)经显色反应,然后在光学显微镜或电子显微镜下可观察到细胞内相应的 mRNA、rRNA 和 tRNA 分子。RNA 原位杂交技术在基因分析和诊断方面可进行定性、定位和定量分析,它已成为最有效的分子生物学技术。

核酸探针根据标记方法的不同可大致分为放射性探针和非放射性探针两类。根据探针的核酸性质不同可分为 DNA 探针、RNA 探针、cDNA 探针、cRNA 探针和寡核苷酸探针等。DNA 探针还有单链 DNA(single stranded,ssDNA)探针和双链 DNA(double stranded,dsDNA)探针之分。

【试剂与器材】

一、溶液的配制

1. 试剂:

TRIzol;rTaq 聚合酶(rTaq polymerase);T_7 RNA 聚合酶(T_7 RNA polymerase);SP6 RNA 聚合酶(SP6 RNA polymerase);硫酸葡聚糖(dextran sulfate);甲酰胺(formamide);甘氨酸(glycine);DIG 标记 RNA 混合物(DIG RNA labeling mix);DIG 核酸检测试剂盒(DIG Nucleic Acid Detection Kit);anti-Digoxigenin-AP;封闭液(blocking reagent);tRNA;BSA(Blot Qualified);RNase 抑制剂(ribonuclease inhibitor);聚-L-赖氨酸(poly-L-lysine);聚腺苷酸(polyadenylic acid);马来酸(maleic acid);柠檬酸钠(sodium citrate);石蜡(paraffin wax);Tween-20;乙酸酐 Acetic anhydride;三乙醇胺(triethanolamine);乙醇,二甲苯,丙酮,甲醛,乙酸,盐酸,NaCl,Tris-HCl,EDTA,NC 膜,中性树胶。

2. 溶剂:

以下溶液中,凡标有"*"的溶液要求预先配制好,再加入 DEPC(0.1%)处理过夜,灭菌后待用。用 DEPC 处理的溶液和用 DEPC 处理的 ddH_2O 配制的溶液均需装在经 180℃ 烘烤 8 h 的容器中。

(1) *FAA(100 mL)(现用现配,先 4℃ 预冷):37% 市售甲醛 10 mL,乙酸 5 mL,100% 乙醇 50 mL DEPC 处理的 ddH_2O 35 mL。

(2) *20×SSC:NaCl 87.65 g,柠檬酸钠 44.1 g,pH 7.0,加 ddH_2O 至 500 mL,灭菌。

(3) *10×PBS(多聚甲醛固定用,FAA 固定不用):NaCl 80 g,KCl 2 g,Na_2HPO_4 14.4 g,KH_2PO_4 2.4 g,pH 7.4,加 ddH_2O 至 1 L,灭菌。

(4) *4% 多聚甲醛(paraformaldehyde)(450 mL):多聚甲醛 18 g,1×PBS 450 mL。先将 PBS 加热至 60℃,加入 10 mol/L NaOH 360 μL,倒入称好的多聚甲醛,充分搅拌至完全溶解,再加入 81 μL 浓 H_2SO_4,将溶液的 pH 调至 7.0,冷却后待用。

(5) 0.2 mol/L $CaCl_2$(50 mL):$CaCl_2 \cdot 2H_2O$ 1.47 g,加 ddH_2O 至 50 mL,过滤除菌。

(6) *蛋白酶 K 缓冲液(Proteinase K buffer)(50 mL):终浓度为 2 mmol/L $CaCl_2$,20 mmol/L Tris-HCl,pH 7.4,加 DEPC 处理的 ddH_2O 至 50 mL,灭菌。

(7) *0.5 mol/L EDTA:EDTA-Na·$2H_2O$ 18.61 g,ddH_2O 80 mL,用磁力搅拌器快速搅拌,加入 NaOH 颗粒(约 2 g),调 pH 至 8.0,定容至 100 mL,灭菌。

(8) *tRNA 溶液(10 mg/mL):tRNA,100 mg 加 DEPC 处理的 ddH_2O 至 10 mL,分装在离心管中,-20℃ 保存。

(9) *ploy(A) 溶液(10 mg/mL):ploy(A) 100 mg 加 DEPC 处理的 ddH_2O 至 10 mL,分装在离心管中,-20℃ 保存。

(10) *Buffer1(pH 7.5)(无 RNase 污染):终浓度为 0.15 mol/L NaCl,0.1 mol/L Tris-HCl,pH 7.5,加 DEPC 处理的 ddH_2O 至 200 mL。

(11) 马来酸溶液(maleic solution):马来酸 5.804 g,浓度为 100 mmol/L;NaCl 4.383 g,浓度为 150 mmol/L;pH 7.5(用 NaOH 颗粒,约 4 g),加 ddH_2O 至 500 mL,灭菌,用时再加入 0.3% 的 Triton X-100。

(12) 杂交液 A。

单位:μL

浓度	1×	11×
20 mg/mL poly(A)RNA	2.35	25.85
10 mg/mL tRNA	5.63	61.93
Probe(溶于 50% 甲酰胺)	14.82	163.02
混匀,80℃ 变性 5 min,迅速置于冰上		
总体积	22.8	247.8

(13) *杂交液 B(无 RNase 污染):

单位:μL

浓度	1×	11×
去离子甲酰胺(formamide)	50	550
50%硫酸葡聚糖(dextran sulfate)	10	110
10×封闭液(blocking reagent)	10	110
5 mol/L NaCl	6	66
1 mol/L Tris-HCl,pH 7.5	1	11
0.5 mol/L EDTA,pH 7.5	0.2	2.2
总体积	77.2	849.2

二、器材

1. 量筒,离心管,吸头,烧杯,剪刀,镊子,载玻片,三角瓶(大,中,小)等。
2. 玻璃器皿(用锡箔纸包裹瓶口)、载玻片用锡箔纸包裹经 180℃烘烤 8 h。
3. 塑料器皿经 0.1% DEPC 水浸泡过夜后,高压蒸汽灭菌。
4. 载玻片冷却后用 1 mg/mL 多聚赖氨酸溶液(溶于 0.1 mol/L Tris-HCl)涂片。

表 2-5-1 原位杂交使用的仪器

仪器名称	仪器型号	用途
高分辨率冷 CCD	SPOT RT3	切片观察照相
显微镜	BX51TR	
研究级正置荧光微分干涉显微镜	Axio Imager D2	荧光观察照相
显微镜专用相机	Axiocam ICC5	
轮转切片机	RM2235	植物组织切片
高温烘箱	212P	玻璃器皿 180℃烘烤
温箱	SANYO MIR-262	切片烘烤及杂交反应
温箱	WP25A	溶解石蜡,组织浸润石蜡
烤片台		切片粘贴

【实验步骤】

一、石蜡切片制作

1. 取所需组织用 FAA 固定液 100 mL 固定,取材料置于 4%多聚甲醛固定液(室温)中,然后真空抽气至固定液冒泡,保持真空 15 min,重复直至材料完全下沉。然后按 1:1000 加入 DEPC 处理,4℃固定过夜。

2. 脱水和透明:材料依次经过浓度为 30%、50%、70%、85%、95%、100%(两次)的乙醇脱水,每级乙醇梯度 30~60 min;脱水后的材料再依次进入 1:2 二甲苯乙醇溶液、1:1 二甲苯乙醇溶液和二甲苯(两次)进行透明,每个梯度也是 30~60 min;然后按照 3/4 二甲苯+1/4 蜡片比例加入蜡片,42℃静置过夜直至蜡片完全溶解。

3. 浸蜡:继续为材料更换二甲苯,加入等体积的碎石蜡(熔点为 58~60℃),置于 37℃

温箱中至少 3 h,使石蜡慢慢溶解;然后将材料和未溶解的石蜡转入 42℃ 温箱中继续溶解,并打开瓶盖在 42℃ 条件下过夜,使二甲苯尽量蒸发;最后材料转移至 62℃ 温箱中使二甲苯完全蒸发,并更换两次纯蜡,每次间隔 2~4 h。每天换蜡 2~3 次。换蜡 3 d。

4. 包埋、修块及切片:包埋时,迅速将材料在包埋用的小纸盒中摆好方向并静置数分钟,等石蜡表面凝固后轻轻地将小纸盒放入冷水中,使石蜡快速凝固;根据所观察的切面的情况对材料进行进一步修块,然后进行切片,切片厚度为 8 μm,将切片整齐地摆在涂有蛋白胶和蒸馏水(用作展片剂)的洁净载玻片上,蜡带用 DEPC 水于 45℃ 展片台上充分展片后,吸走残余的水分,在约 45℃ 的恒温台上展片后吸取多余的蒸馏水,将切片置于 37℃ 温箱中干燥 1~2 d,放置于 -20℃ 冰箱待用;在烤片过程中可快速镜检,寻找理想切片。

二、探针制备(提前标记)

1. 根据所检测基因的特异序列,选取 300~400 bp 片段设计相应引物,在正向引物的 5′ 端加上 SP6 启动子的核心序列(ATTTAGGTGACACTATAGAATA)合成引物,在反向引物的 5′ 端加上 T7 启动子的核心序列(AATTAATACGACTCACTATAGGG)合成引物。

2. PCR 采用 50 μL 体系×4,得到扩增的 dsDNA。取 PCR 产物 DNA 2 μL 进行电泳检测,如果电泳结果为单一条带,则直接将条带加入等体积的酚-氯仿,混匀进行抽提。12 000 g 离心 10 min,收集上清液。重复离心收集上清步骤。用 2 倍体积无水乙醇沉淀过夜浓缩。如果电泳检测为非单一条带,则用切胶法将 DNA 回收,同样进行酚-氯仿抽提纯化。

3. 探针合成:在 20 μL 的体系中可产生 10 μg DIG-Labelled RNA(取 0.1 μg PCR 产物作为合成探针的模板)。具体流程见表 2-5-2。

表 2-5-2 探针合成流程

反应物	体积/μL
PCR DNA	11
H₂O	0
或者取 1 μg 的 dsDNA 样品,加水补齐到 11 μL,65℃ 变性 5 min,迅速置于冰上	
5×转录缓冲液(trans buffer)	4
DIG 标记 NTP 混合物(Labelling NTP mix)	2
RNAsin	1
T7 RNA 聚合酶	2
37℃ 保温 2 h	
加入无 RNase 污染的 DNase Ⅰ 2 μL,37℃ 温育 15 min。电泳检测转录情况	

4. 加入 1/25 体积 5 mol/L NaCl 溶液,2.5 倍体积无水乙醇,沉淀过夜。13 000 r/min 离心 20 min,沉淀用 70% 乙醇洗两次,溶于 50% 甲酰胺中,存于 -20℃ 备用。

5. 普通琼脂糖凝胶电泳检测探针浓度,电泳进行 5 min 即可,以减少探针的降解。与 marker 比较得到探针的大致浓度,或者用 Nanodrop 直接测定探针的浓度。

三、原位杂交

1. 石蜡切片的脱蜡,复水。将石蜡切片按照以下程序处理:

100% 二甲苯处理两次,每次 20 min→1/2 无水乙醇+1/2 二甲苯 10 min→100% 无水乙醇 5 min→梯度乙醇复水(95%,85%,70%,50%,30% 乙醇,各 2 min)→DEPC 水 2 min,换 2 次。

2. 蛋白酶消化:37℃预热蛋白酶 K 缓冲液,然后加入蛋白酶 K 至 50 μg/mL,37℃消化石蜡切片 30 min。H_2O 洗 3 次。

3. 乙酰化处理:新鲜配制乙酰化溶液(DEPC 水 100 mL,三乙醇胺(triethanolamine) 1.34 mL,10 mol/L HCl 400 μL,乙酸酐 250 μL),将切片放入,处理 5 min。以减低静电效应,减少探针对组织的非特异性背景染色。

4. 再封闭:将切片在 2×SSC 中放置 5 min,放入含 1%10×封闭液的 2×SSC 中处理 15 min。

5. 2×SSC、DEPC 水各洗 2 min,梯度乙醇脱水:30%,50%,70%,80%,95%各 30 s,然后 100%乙醇处理,5 min,换 2 次。

6. 室温下放置 0.5 h 晾干。(此时准备湿盒,放入用 50%甲酰胺,1.5 mol/L NaCl 溶液浸湿的滤纸。滤纸上铺上干净的 PE 手套,以备放置切片。)

7. 杂交:新鲜配制杂交液 A,该溶液比较黏,用之前 4℃保存。按每张片子 22.8 μL 准备 poly(A)RNA(20 mg/mL)72.35 μL,tRNA(10 mg/mL)5.63 μL,Probe 14.82 μL(200 ng 溶于 50% formamide),混匀。80℃变性 5 min,迅速置于冰上。

加入配制好的杂交液 B 77.2 μL,混匀,加在片子上,用薄手套覆盖。45℃过夜。

8. 洗片:用 4×SSC 洗去杂交液,5~10 min 洗两次,在 45℃用梯度 SSC 洗涤(2×SSC、1×SSC、0.5×SSC 各 10 min,0.1×SSC 15 min 洗两次,并轻轻振摇)。

9. 检测:马来酸溶液平衡 5 min,再用含 0.5%甘氨酸,1%BSA 的马来酸溶液 37℃封闭 45 min,加入 anti-DIG-AP 抗体,37℃温育 2 h。

10. 显色:用含 0.1% Tween-20 的马来酸溶液洗 4 次,每次 15 min,并轻轻振摇。ddH_2O 平衡 5 min,加入 NBT/BCIP(200 μL 检测缓冲液加 NBT/BCIP 5 μL),置于暗中显色过夜。镜检,浸于 ddH_2O 中终止反应,照相。

四、封片与照相

载玻片用 4%多聚甲醛固定 20 min 后,经无菌蒸馏水冲洗,用水溶性封片剂封片,照相。如制作永久制片,则需经乙醇/水梯度系列脱水,脱水后信号由棕色变为蓝色;再经乙醇/二甲苯梯度系列透明,最后用加拿大树胶封片。用奥林帕斯(Olympus)BX-60 万能显微镜照相,相片用 Abode 公司的 Photoshop 4.0 软件处理。

【结果与分析】

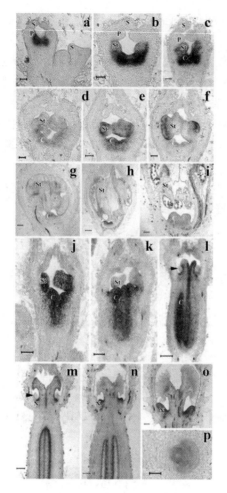

图 2-5-1 用原位杂交的方法检测 *CUM1* 基因在黄瓜雌雄花中的表达情况

(Bai S L, et al, 2004)

【注意事项】

1. 探针的浓度很难事先确定,但要掌握一个原则,即探针浓度必须给予该实验最大的信/噪比值。非放射性标记(生物素或 DIG)探针浓度为 $0.5\sim5.0\ \mu g/mL$(即 $0.5\sim5.0\ ng/\mu L$)。放射性标记的 dsDNA 或 cRNA 探针浓度在 $2\sim5\ ng/\mu L$。

2. 必须强调:加杂交液的量要适当,以 $100\sim200\ \mu L$/每张切片为宜。杂交液过多不仅造成浪费,而且液量过多常易致盖玻片滑动脱落,影响杂交效果,过量的杂交液含核酸探针浓度过高,易导致高背景染色等不良后果。

3. 根据探针的种类不同,反应温度略有差异。RNA 和 cRNA 探针一般在 37~42℃,而 DNA 探针或细胞内靶核苷酸为 DNA 的,则必须在 80~95℃ 加热使其变性,时间 5~15 min,然后在冰上搁置 1 min,使之迅速冷却,以防复性,再置入盛有 2×SSC 的温盒内,在 37~42℃ 孵育杂交过夜。

4. 硫酸葡聚糖是核酸杂交液中仅次于甲酰胺的一种组成成分,其主要作用是提高杂交率。在杂交液中,甲酰胺占 50% 左右,而硫酸葡聚糖占 10% 左右。它具有极强的水合(hydrate)作用,能大大增加杂交液的黏稠度。

5. 甲酰胺的主要作用是调节杂交反应温度,从而有助于保持组织的形态结构。甲酰胺还可防止低温下非同源性片段的结合,但甲酰胺具有破坏氢键的作用,对核酸稳定性有影响。

6. 杂交后处理包括系列不同浓度、不同温度的盐溶液的漂洗。通过杂交后的洗涤可有效地降低背景染色,获得较好的反差效果。

【参考文献】

1. 龚化勤. 2005. 水稻雄蕊早期发育的器官特异性基因表达谱分析. 北京:北京大学生命科学学院.
2. Bai S L,Peng Y B,Cui J X,et al. 2004. Developmental analyses reveal early arrests of the spore-bearing parts of reproductive organs in unisexual flowers of cucumber (*Cucumis sativus* L.) Planta,220:230—240.
3. 徐云远,种康,许智宏,谭克辉. 2002. 原位杂交实用技术. 植物学通报,19(2):234—238.
4. 陈绍荣,毕学知,吕应堂,杨弘远. 1998. 一种优化的植物组织 RNA 原位杂交技术. 遗传,20(3):27—30.

2-6 整体原位杂交

【实验目的】

学习在完整的植物材料和组织中进行基因定位和确定表达模式的方法。

【实验原理】

整体原位杂交,不同于一般的在载片上对细胞和组织切片进行探针杂交及检测的原位杂交,而是对完整的植物材料和组织进行探针杂交及检测。

整体原位杂交技术与原位杂交技术不同之处主要在于原位杂交技术是将植物材料进行切片后杂交,而整体原位杂交技术是植物材料在整体保持完好的情况下进行原位杂交,根据实验需要直接在体视镜下观察或者再进行切片观察。此技术的最大好处是在一次实验体系中可以同时进行数个基因、数个植物材料的同时原位杂交观察。

【试剂与器材】

一、试剂

1. 10×PBS 溶液(1 L)：KCl 2 g, NaCl 80 g, $Na_2HPO_4 \cdot 12H_2O$ 14.4 g, KH_2PO_4 2.4 g, 用 KOH 调 pH 至 7.4。

2. PBST 溶液：1×PBS 溶液中加入 0.1% Tween-20。

3. 5%PFA 溶液：用 1×PBS 配制, 5% 多聚甲醛, 3% NP-40, 10% DMSO, 0.1% Tween-20, pH 7.4, 60℃放置溶解 2 h。PFA 最好现配现用，也可以配好后放入 −20℃冻存。

4. 20×SSC 溶液(500 mL)：87.65 g NaCl, 44.1 g 柠檬酸钠, 调 pH 至 7.0, 灭菌后保存。

5. 预杂交液：

(1) 预杂交液 1：50%甲酰胺, 5×SSC, 3% SDS, 0.1% DTT, 0.1% Tween-20。

(2) 预杂交液 2：50%甲酰胺, 5×SSC, 0.1% Tween-20。

6. 杂交液：50%甲酰胺, 5×SSC, 0.1% Tween-20, 0.1 mg/mL 肝磷脂。

7. SSCT 溶液：在对应浓度的 SSC 溶液中加入 0.1% Tween-20。

8. ALP 缓冲液：0.1 mol/L Tris-HCl(pH 9.5), 0.1 mol/L NaCl, 50 mmol/L $MgCl_2$。

9. 40 mg/mL 蛋白酶 K, 50 mg/mL Heparin, 50 mg/mL ssDNA。

二、器材

表 2-6-1 整体原位杂交使用的仪器

仪器名称	仪器型号	用途
高分辨率冷 CCD	SPOT RT3	压片观察照相
显微镜	BX51TR	
高分辨显微图像系统	SPOT QE	整体观察照相
体视显微镜	SteREO Lumar V.12	
研究级正置荧光微分干涉显微镜	Axio Imager D2	荧光观察照相
显微镜专用相机	Axiocam ICC5	
高温烘箱	212P	玻璃器皿 180℃烘烤
温箱	SANYO MIR-262	杂交反应

【实验步骤】

一、制备 RNA 探针

1. 设计引物：根据所检测基因的特异序列，选取 300～400 bp 片段设计相应引物，在正向引物的 5′端加上 SP6 启动子的核心序列（ATTTAGGTGACACTATAGAATA）合成引物,在反向引物的 5′端加上 T7 启动子的核心序列(AATTAATACGACTCACTATAGGG)合成引物。

2. 模板扩增：以 cDNA 或构建好的质粒为模板,对所检测基因进行 PCR,使用体系为 500 μL。

3. 模板纯化：PCR 结束后进行电泳检测,若无杂带,可直接回收。若有杂带,可以进行琼脂糖凝胶电泳回收。回收时加入 500 μL 的洗脱液。回收后电泳检测浓度。使用无 RNase 的酚-氯仿进行抽提,抽提时所使用的试剂及管子、吸头,均要求无 RNase 污染。酚-氯仿抽提后,取上清液,加入 1/10 体积 3 mol/L NaAc 溶液,2.5 体积无水乙醇,于 −20℃ 沉淀过夜(此步目的是去除 RNase,所以以后的步骤中所用的试剂和吸头等,均要求无 RNase 污染)。

4. 模板纯化：沉淀过夜后,将 DNA 在 4℃,13 000 r/min 离心 20 min,70% 乙醇冲洗得到沉淀,7500 r/min 离心 5 min。晾干后,用 DEPC 水溶解。得到无 RNase 的 DNA 模板,用于转录。

5. 探针合成：取 dsDNA 样品 1 μg,加水补齐到 11 μL,65℃ 变性 5 min,迅速置于冰上。加入 5× 转录缓冲液(transcript buffer) 4 μL,DIG 标记 NTP 混合物(labeling NTP mix) 2 μL,RNase 抑制剂 1 μL,T7 RNA 聚合酶 2 μL,混匀。37℃ 温育 2 h 后,取出 2 μL 进行电泳检测或者用 Nanodrop 检测浓度。

6. 去除 DNA：加入无 RNase 污染的 DNase Ⅰ 2 μL,37℃ 温育 15 min。

7. 探针回收：加入 1/25 体积 5 mol/L NaCl 溶液,2.5 倍体积 95% 乙醇,沉淀过夜。13 000 r/min 离心 20 min,沉淀用 70% 乙醇洗两次,溶于 40 μL 50% 甲酰胺中,取出 1～2 μL 电泳或用 Nanodrop 检测浓度,其余分装,存于 −80℃ 备用。

二、整体原位杂交-固定材料

1. 固定材料：使用 5%PFA(用 pH 7.4 的 1×PBS 配制)固定材料,加入 PFA 后在 60℃ 放置约 1 h,恢复室温后加入 0.1%Tween-20。材料在固定液中真空抽气至无气泡产生为止。PFA 可在 PBS 中 65℃ 溶解 2～3 h,分装冻存于 −20℃.

2. 抽气完成后,材料均沉在底部,换新的 5%PFA/PBST[①](Tween-20 含量为 0.1%)溶液,4℃ 过夜。

三、溶剂梯度置换

1. 利用甲醇脱去材料中的叶绿素。为了防止材料直接进入甲醇引起细胞形态剧烈变化,需进行如下梯度置换：

2%PFA/PBST 20 min→PBST 20 min,2 次→25% 甲醇/PBST 20 min→50% 甲醇/PBST 20 min→75% 甲醇/PBST 20 min→100% 甲醇,室温,直到材料由绿色基本变为无色为

---

① 5%PFA/PBST：表示用 PBST 配制 5%PFA 溶液。

止。材料在纯甲醇中－80℃可存放1~2周。

2. 乙醇梯度置换：依次按甲醇：乙醇比例为3∶1,2∶1,1∶1,1∶2,1∶3进行梯度置换，最后以纯乙醇置换，每级20 min。至此步可以将材料放于－20℃长期保存。

3. 依次按乙醇：二甲苯为2∶1,1∶1,1∶2进行梯度置换，每级30 min，纯二甲苯1 h，若材料体积较大渗透困难，可延长梯度及纯二甲苯时间。

4. 二甲苯梯度置换：依次按二甲苯：乙醇为2∶1,1∶1,1∶2进行梯度置换，每级30 min，纯乙醇30 min，换3次。到此步可置于－20℃长期保存。

四、预杂交

1. 准备预杂交液1。将材料放于预杂交液1中，55℃，1 h。此步进行完后，材料会变得比较软。注意：预杂交液最好现用现配，存放后解离效果不好。

2. 在预杂交液2中，将上一步的材料进行简单解剖，使材料不要太大，以利于探针的进入。

3. 5%PFA/PBST(5%PFA溶液里加入了0.1% Tween-20)，室温固定30 min，PBST洗两次，每次20 min。

4. 用终浓度为125 μg/mL 的蛋白酶K 37℃ 消化30 min。5%的甘氨酸/PBST处理30 min 以终止反应。10%DMSO/PBST 洗2次，每次10 min。

5. 5%PFA/PBST(5%PFA溶液里加入了0.1% Tween-20)，室温固定30 min，PBST洗3次，每次10 min。

6. 预杂交：加入杂交液，55℃，2~4 h。如果材料较难渗透或最后结果希望做石蜡切片观察，预杂交时间可延长。

五、杂交

加入探针进行杂交。在杂交液中加入1 mg/mL 的 tRNA，加入变性探针约1 μg，55℃，24~48 h。如果材料较难渗透或希望做石蜡切片观察最后结果，探针杂交时间可延长。

六、抗体封闭

1. 洗掉未结合的探针，此过程均在55℃进行。洗涤过程依次为：2×SSCT/50%甲酰胺(4×SSC加等体积的100%去离子甲酰胺，并在溶液中加入0.1% Tween-20)，10 min→2×SSCT/50%去离子甲酰胺，60 min→2×SSCT/50%去离子甲酰胺，20 min→2×SSCT，20 min，2次。

2. 温度调至室温；PBST 洗3次，每次10 min。

3. 用5%BSA/PBST(5%PFA溶液里加入了0.1% Tween-20)室温封闭1 h。

4. 按1∶2000 的比例，在封闭液中加入DIG 抗体。室温16 h 或过夜。

七、显色观察

1. PBST 洗8次，每次15~20 min。

2. ALP 缓冲液平衡材料 20 min,2 次。

3. 在 ALP 缓冲液中按照每毫升加入 NBT(0.34 mg/mL 储液) 4.5 μL,BCIP(0.175 mg/mL 储液) 3.5 μL 的量,进行显色。一般避光室温显色 12 h,在显色过程中注意观察,达到显色要求后停止反应。

八、照相记录

用 5% PFA/PBST 终止反应。PBST 洗 2 次后,梯度进入甲醇进行脱色,洗去浮色。若要整体观察,可用三氯乙醛透明约 1 h,然后进行拍照。也可将材料进行石蜡切片,观察内部信号。

【结果与分析】

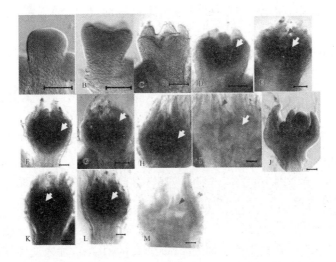

图 2-6-1　黄瓜各个时期雌雄花的整体原位杂交检测 CsMADS1 的表达模式(孙进京提供)

A~E:1~5 期的花芽;F~I:6~8 期的雄花;J:茎端;K~M:6~8 期的雌花。雌雄花 1~5 期的花芽没有明显的形态学区别,从 6 期开始,雄花的心皮停止发育,不会出现心皮原基的凹陷;雌花的雄蕊的花药部分停止发育,而心皮开始伸长并出现明显凹陷(红色箭头所指表示花瓣,黄色箭头所指表示雄蕊;图中标尺为 100 μm)

【注意事项】

1. 植物材料的解离过程非常重要,决定了探针是否能够渗透进植物组织内部。
2. 整个过程注意严格控制 RNase 的污染。

【参考文献】

1. 李师翌,吕应堂,杨弘远. 2000. 一种适于植物幼胚 mRNA 整体原位杂交的方法. 植物学报,42(1): 105—106.

2. 孙进京.2012.黄瓜雌花雄蕊滞育过程中乙烯受体 Cs ETR1 调控机制研究.北京:北京大学生命科学学院.

3. Marcelina GarcíA-Aguilar, Ana Dorantes-Acosta, Victor Pérez-España, et al. 2005. Whole-mount in situ mRNA localization in developing ovules and seeds of *Arabidopsis*. Plant Molecular Biology Reporter, 23: 279—289.

2-7　蛋白质印迹法(免疫印迹试验)

【实验目的】

掌握检测抗体与目的蛋白的识别情况的方法。

【实验原理】

蛋白质印迹法(免疫印迹试验)即 Western 杂交,是将电泳分离后的细胞或组织总蛋白质从凝胶转移到固相支持物 NC 膜或 PVDF 膜上,然后用特异性抗体检测某特定抗原的一种蛋白质检测技术,现已广泛应用于基因在蛋白水平的表达研究、抗体活性检测等多个方面。

虽然 Western 杂交与 Southern 杂交、Northern 杂交方法类似,但它采用的是聚丙烯酰胺凝胶电泳(PAGE),被检测物是蛋白质,"探针"是抗体,"显色"用标记的二抗。经过 PAGE 分离的蛋白质样品,转移到固相载体(例如硝酸纤维素薄膜或 PVDF 膜)上,固相载体以非共价键形式吸附蛋白质,且能保持电泳分离的多肽的类型及其生物学活性不变。以固相载体上的蛋白质或多肽作为抗原,与对应的抗体起免疫反应,再与酶(或同位素标记)的第二抗体起反应,经过底物显色(或放射自显影)可检测电泳分离的特异性目的蛋白的表达情况。

【试剂与器材】

一、试剂

1. 10×电泳 buffer(1 L): Tris 30.3 g,甘氨酸 142.63 g,SDS 10 g。

注:量杯中先配 Tris 和甘氨酸,然后加 SDS,最后补足 H_2O,定容到 1 L。

2. 转膜缓冲液(2 L): Tris 6.055 g,甘氨酸 28.825 g,无水甲醇 400 mL。

3. 20×TBS(1 L): Tris 48.4 g, NaCl 160 g,用浓 HCl 调 pH 至 7.6(约加 35 mL)。

4. 2×SDS 缓冲液(10 mL): 0.5 mol/L Tris-HCl(pH 6.8)2 mL,50%甘油 2 mL,10% SDS 4 mL,β-巯基乙醇 0.2 mL,DTT 0.8 mL。

DTT 室温放置不稳定,可配制成母液,在使用时再加入较好,其他成分配成储备液,室温放置即可。可酌情在缓冲液中加入指示剂溴酚蓝(1%溴酚蓝,0.4 mL)。

5. 1mol/L DTT 母液：用 0.01mol/L 醋酸钠溶液配制，分装，-20℃保存。

二、器材

电钻或研钵，水浴锅，电泳及转膜设备、胶片、洗片机。

【实验步骤】

一、配胶

1. 先用自来水洗净工具(玻璃板、梳子)，再用蒸馏水冲洗，后用无水乙醇淋洗，便于工具速干。将玻璃板垂直安装在架子上。

2. 根据需要配制相应浓度的分离胶(分离胶浓度越大越有利于分离分子较小的蛋白)，用 1mL 移液枪沿侧壁将分离胶加到制胶板中，至合适高度(至少留出的浓缩胶高度要大于梳子高度)，可选用水、无水乙醇或异丙醇封胶(推荐异丙醇)；等待分离胶凝固(约 30~40min)。(配胶中用到的 10% AP 要现用现配。)

3. 分离胶凝固后，将封胶液体倒掉，并用滤纸条吸尽；配制 5% 浓缩胶加入其中(注意：要确保胶中不能存在气泡)，垂直插入梳子(注意：一定要在浓缩胶凝固之前插入梳子)。

二、备样

1. 取出液氮或-80℃保存的植物材料，磨样(根据材料多少选择使用电钻或研钵)。用 2× 或 5× 的 SDS 裂解缓冲液重悬植物粉末(缓冲液用前加入 DTT)，充分混匀，置于冰上裂解 15min，期间涡旋振荡 2~3 次。可根据样品量和目标蛋白量选择 2× 或 5× 储备缓冲液，通常对绿苗粉末可用 2× SDS 缓冲液按 1:1 加入，黄化苗水分较多可适当调低比例。

2. 裂解后 70~100℃煮样 10min(根据检测蛋白的不同和样品量多少，可适当调整煮样温度和时间，煮过冻存后的样品再用时只需煮 5min 即可)，煮好的样品于 4℃，13 000 r/min 离心 10min。

三、上样、跑胶

1. 配制 1× 电泳缓冲液(1 L)，将制好的蛋白胶正确装入电泳槽，按胶的数量加入适量的电泳液，垂直拔去梳子。

2. 取制备好的样品上清液加样(事先记录好上样的顺序，依次加样)，加样时吸头不要完全插入进样口中，防止倒吸，样品贴壁缓慢加入即可。一般 1.5mm、10 个槽的胶可上 35~40μL 样品，15 个槽的可上 25μL，其他型号的胶可根据比例计算。

3. 跑胶。加样完毕，开启电源进行电泳。先将电压调至 80V，等样品被压缩至呈一细线时(通常在分离胶和浓缩胶界面)，可提高电压至 120V 或 150V。时间充裕也可一直使用低压跑胶，这样条带会比较清晰漂亮。

4. 根据目标蛋白大小，同时参考蛋白 marker 确定跑胶时间。

四、转膜

1. 配制转膜缓冲液(1 个转膜槽需 1 L 缓冲液,转膜液可回收使用),低温预冷。

2. 准备转膜用的夹子、海绵、滤纸(8 cm×5.5 cm)和膜。PVDF 膜(凹面向上,可在左上角剪去一角作为标记)先在甲醇中浸透 30 s 以上,再放入转膜液中浸泡,该步在通风橱中进行。若用 NC 膜,要将其正面向上漂在 ddH_2O 中至表面浸湿,以挤出膜中气体。

3. 取出胶,切成合适大小,左上角做标记。用蒸馏水轻轻冲去表面的杂质。将膜放入转膜液中。

4. 平整装入转膜夹子,顺序依次为:夹子黑面→海绵→滤纸→胶→膜→滤纸→海绵,注意不能有气泡和杂质(每放一层用转膜液冲洗),垂直对齐将夹子合上封紧。

5. 装入转膜槽(注意正反极方向),放入冰块(用纸擦净表面水和冰,以免降低缓冲液浓度),倒满转膜液。放到冷室(4℃)转膜。转膜电压和时间可分别选择 250 mA,2 h;200 mA,2.5 h 或 80 mA,过夜。

注意:转膜时 250 mA 2 h 对相对分子质量为 95 000～170 000 的蛋白效果好,再大的蛋白则需延长转膜时间(低电流)。

五、封闭

1. 转好的膜可用蒸馏水洗去表面油物(可选),再放入无水甲醇中浸泡 10 s 以上,放在干净的纸上干燥 10～15 min(干透即可)。

2. 用 20×TBS 配制 1×TBS(1 L),加入 1000 μL Tween-20 混匀,制成 TBST 溶液。

3. 将 TBST 溶液加入 5% 的脱脂牛奶(在振荡器上振荡 3～5 min,使其充分溶解,否则会影响结果),将膜放入牛奶中封闭,室温 1～2 h,也可放入冷室过夜。封闭后用 TBST 冲洗膜 1～2 次。

注意:刚转好的膜也可使用丽春红染色的方法检测一下蛋白提取和转膜的效果,丽春红染液染色约 5 min,用水冲洗即可看到红色条带,拍照作为上样对照(loading control),继续冲洗至完全脱色可继续实验,接着放入甲醇,同上。丽春红染液需回收重复利用。

六、一抗孵育

不同的抗体根据其效价可选择不同稀释浓度,实验室常用的抗体 GFP、FLAG、HA 等均可按 1∶5000 稀释使用。在稀释时要注意不同公司或抗体批次的影响,还需根据实验结果调整抗体稀释比例。通常一抗室温孵育 3 h 左右,也可 4℃过夜。同理,随抗体的质量不同,孵育时间也会不同。

注意:对于特异性和效价较好的抗体可封闭和一抗同时进行以节约时间。

七、洗一抗

TBST 洗一抗,5 min/次,洗 3 次(也可采用快速多次洗涤的方法);10 min/次,洗 3 次。(注意:洗一抗的方式与一抗浓度有关,时间和换洗次数都是考虑的因素,基本总时间 1 h 换洗4次以上即可)。

八、二抗孵育

TBST液中按比例(1:7500~1:10 000)和性质(HRP鼠抗或兔抗)加入相应二抗。孵育45~60 min。孵育时间过长,信号太强,不易洗净膜。

九、洗二抗

同一抗的洗涤,时间略久一些也可。

注意:加抗体、洗膜时最好让膜的正面朝上。封闭以后,任何一个操作步骤都要避免使膜干燥。

十、压片

1. 戴上手套,准备保鲜膜。
2. 将膜放入ddH$_2$O中漂洗一下(可选)。
3. 1:1混合发光液(注意:先加白瓶试剂,加棕瓶试剂时必须更换吸头,以防污染反应试剂)。
4. 从水中拿出膜在纸上轻蘸去水滴,放入发光液中,充分接触。
5. 膜正面向下放在保鲜膜上,盖好,放在暗板中央,正面朝上用胶布封好。
6. 暗室压片。一次压片时间和个数根据具体情况而定。

十一、结果记录和分析

1. 取下膜,对照片的蛋白条带进行标记。膜可放入4℃冰箱暂时保存,也可用TBST冲洗后,用甲醇再次浸泡完全干燥保存。
2. 对结果进行分析,记录。

【结果与分析】

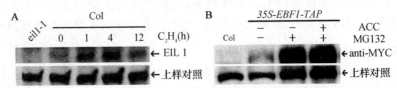

图 2-7-1 (A) 乙烯处理稳定了EIL1蛋白(在MS培养基上生长4天的野生型Col黄化苗用乙烯处理1,4,12 h后提取蛋白用作免疫分析,检测所用抗体为内源蛋白抗体anti-EIL1,非特异性条带用作上样对照,突变体eil1-1用于指示特异条带);**(B) 在光下生长6天的转基因植物35S-EBF1-TAP中免疫检测EBF1-TAP蛋白,检测所用抗体为标签蛋白抗体anti-MYC**

(An F, et al, 2010)

【注意事项】

使用内源抗体检测时,需要加入突变体;而使用标签蛋白抗体检测时,则需要有不含标签蛋白的材料,以便指示特异带。

【参考文献】

An F, Zhao Q, Ji Y, et al. 2010. Ethylene-induced stabilization of ETHYLENE IN-SENSITIVE3 and EIN3-LIKE1 is mediated by proteasomal degradation of EIN3 binding F-box 1 and 2 that requires EIN2 in *Arabidopsis*. Plant Cell, 22: 2384—2401.

2-8 蛋白免疫定位

【实验目的】

1. 掌握蛋白免疫定位技术;
2. 掌握利用抗体标记定位分析蛋白在组织和细胞中的表达情况的方法。

【实验原理】

一、免疫组织化学的基本原理

免疫组织化学(Immunohistochemistry)又称免疫细胞化学。它是组织化学的分支,是用标记的特异性抗体(或抗原)对组织内抗原(或抗体)的分布进行组织和细胞原位检测的技术。

免疫学的基本反应是抗原-抗体反应。由于抗原-抗体反应具有高度的特异性,所以当抗原、抗体发生反应时,可根据已知的抗原(或抗体)推测未知的抗体(或抗原)的存在。免疫荧光细胞化学就是基于抗原-抗体反应的原理,将已知的抗原或抗体标记上荧光素,制成荧光标记物,再用这种荧光抗体(或抗原)作为分子探针去检测细胞或组织内的相应抗原(或抗体)是否存在。若在细胞或组织中形成的抗原-抗体复合物,由于其上含有荧光素,当利用荧光显微镜观察标本时,荧光素受激发光的照射发出明亮的荧光(黄绿色或橘红色),由此可以看见荧光所在的细胞或组织,从而确定抗原或抗体的性质并进行定位,还可以利用定量技术测定其含量。

二、免疫组织化学技术的分类

免疫组织化学的技术可有不同的分类方式:

1. 根据染色方式,可分为贴片染色和漂浮染色。
2. 根据 Ag-Ab 结合方式,可分为直接法、间接法和多层法。

3. 根据标记物的性质,可分为:

(1) 免疫荧光技术(免疫荧光法);

(2) 免疫酶技术(酶标抗体法、桥法、PAD法、ABC法);

(3) 免疫金属技术(免疫铁蛋白法、免疫金染色法、蛋白A金法)。

三、免疫组织化学中常用的标记物

1. 荧光素。常见荧光素有异硫氰酸荧光素(Fluorescein isothiocyanate,FITC)、四乙基罗达明(rho-damine RB200)、TRITC、镧系和PE等,它们的特性分别如下:

(1) 异硫氰酸荧光素:黄色结晶粉末;吸收光波长490～495 nm;发射光波长520～530 nm,为明亮的黄绿色荧光。

(2) 四乙基罗达明:橘红色粉末;吸收光波长570 nm;发射光波长595～600 nm,为橘红色荧光。

(3) TRITC:紫红色粉末;吸收光波长550 nm;发射光波长620 nm,为橙红色荧光。

(4) 镧系:Eu、Tb。

(5) PE:吸收光490～560 nm,发射光595 nm,红色荧光。

(6) 其他:酶作用后产生荧光物质。

2. 酶:辣根过氧化物酶、碱性磷酸酶。

3. 生物素(Biotin)。

4. 铁蛋白金等:主要应用于免疫电镜。

5. 其他:如同位素(因涉及污染和防护难,一般不用)。

【试剂与器材】

一、试剂

1. 封闭液:2% BSA,用1× PBS溶解。

2. 甘油封片剂:50%甘油,50% 1× PBS。

3. 多聚甲醛固定液(100 mL):多聚甲醛4 g加纯净水50 mL,加入一定量NaOH,放入65℃烘箱至多聚甲醛溶解;冷却,加25%戊二醛10 mL,加0.2 mol/L PBS,定容至100 mL。

4. 10×PBS(多聚甲醛固定用,FAA固定不用):NaCl 80 g,KCl 2 g,Na_2HPO_4 14.4 g,KH_2PO_4 2.4 g,pH 7.4,加ddH_2O至1L,灭菌。

5. FAA固定液:乙醇50 mL,冰醋酸5 mL,37%甲醛溶液(市售福尔马林)10 mL,Triton X-100 50 μL,用水定容至100 mL。

6. 甘油蛋白粘片剂:蛋白50 mL,甘油50 mL,水杨酸钠(防腐剂)1 g。(具体配制方法参见实验1-1。)

7. DAB工作液(临用前配制):5 μL 20×DAB+1 μL 30%H_2O_2+94 μL PBS。

8. 蛋白酶K(Proteinase K)工作液:10～20 μg/mL蛋白酶K,用10 mmol/L Tris/

HCl 溶解,pH 7.4~8.0。

9. 0.3%的过氧化氢；无水乙醇(分析纯)；二甲苯(分析纯)；切片石蜡；多聚赖氨酸。

二、器材

真空泵,切片机,展片台,蜡台,电热恒温箱,光学显微镜,刀片,镊子,烧杯,染色缸,载玻片,盖玻片,解剖针,湿盒(塑料饭盒与纱布)等。

【实验步骤】

一、材料固定

取材料置于室温的4%多聚甲醛固定液中,真空抽气至材料完全下沉。4℃固定过夜。

二、脱水,浸蜡

按以下步骤浸泡进行脱水、浸蜡：1× PBS 30 min,清洗3遍→50%乙醇 30 min→70%乙醇 30 min→80%乙醇 30 min→95%乙醇 30 min→100%乙醇 30 min→1/2乙醇+1/2二甲苯,30 min→二甲苯 30 min→1/2二甲苯+1/2蜡片,42℃过夜直至蜡片完全溶解,开盖继续放置2~4 h。

将材料换至新鲜溶解的石蜡中,转移至62℃烘箱,开盖放置。2 h换一次蜡,换蜡3次。

三、包埋

调展片台温度到约60℃,将液蜡倒入干净纸槽中,调整材料位置,摆放好后静置,待石蜡冷却凝固,4℃保存。

四、切片

先把载玻片涂上多聚赖氨酸。将含材料的蜡块修整好,于切片机上切片,切片厚度8~12 μm。于40℃展片台上充分展片,吸走残余的水分,并尽量甩干。37℃烤片2~3天。在烤片过程中可快速镜检,寻找理想切片。

五、脱蜡,复水

脱蜡和复水按以下步骤浸泡进行：二甲苯,37℃,20 min→1/2乙醇+1/2二甲苯,15 min→100%乙醇 10 min→95%乙醇 10 min→80%乙醇 10 min→70%乙醇 10 min→50%乙醇 10 min→1× PBS(含 0.1% Triton X-100)15 min→1× PBS 10 min,重复1次→H_2O 5 min→10 mmol/L 柠檬酸盐(pH 6.0),煮沸 10 min→H_2O 1 min。

六、封闭

将片上水吸干用 PAP 笔在材料周围画框,形成隔水框。

载玻片在封闭液中室温浸泡40 min 或4℃浸泡过夜。

七、免疫

按比例配好一抗溶液,用封闭液配制。将一抗加到载玻片上,200 μL/张载玻片,用薄膜封好,室温放置 3～4 h 或 4℃过夜。

八、信号检测

去除抗体溶液,将载玻片用 1× PBS 浸泡清洗 10 min,清洗 3 遍。吸干多余液体,加入以合适比例稀释的二抗溶液(同样用封闭液配制),室温放置 3～4 h。用 1× PBS 清洗 10 min,清洗 3 遍。

根据二抗性质不同可以直接荧光检测或进行化学底物显色。

用甘油封片剂封片,显微镜下观察并拍照。

【结果与分析】

本实验需要设置阳性对照和阴性对照。

【注意事项】

1. 对荧光标记的抗体的稀释,要保证抗体蛋白的浓度,一般稀释度不应超过 1∶20,抗体浓度过低,会导致产生的荧光过弱,影响结果的观察。

2. 染色的温度和时间需要根据各种不同的标本及抗原而改变,染色时间可以从 10 min 到数小时,一般 30 min 已足够。染色温度多采用室温(25℃左右),高于 37℃可加强染色效果,对不耐热的抗原(如流行性乙型脑炎病毒)可采用 0～2℃的低温,延长染色时间。低温染色过夜较 37℃ 30 min 染色效果好得多。

3. 为了保证荧光染色的正确性,首次试验时需设置下述对照,以排除某些非特异性荧光染色的干扰。

(1) 自发荧光对照:标本加 1～2 滴 0.01 mol/L PBS (pH 7.4)。

(2) 特异性对照(抑制试验):标本加未标记的特异性抗体,再加荧光标记的特异性抗体。

(3) 阳性对照:已知的阳性标本加荧光标记的特异性抗体。

(4) 如果标本自发荧光对照和特异性对照呈无荧光或弱荧光,阳性对照和待检标本呈强荧光,则为特异性阳性染色。

4. 一般标本在高压汞灯下照射超过 3 min,就有荧光减弱现象,经荧光染色的标本最好在当天观察,随着时间的延长,荧光强度会逐渐下降。

【参考文献】

1. 王东辉.2012.黄瓜雌花雄蕊发育停滞机制研究.北京:北京大学生命科学学院.

2. 赵峰.2014.拟南芥雄蕊中生殖细胞诱导发生的调控机制研究.北京:北京大学生命科学学院.

2-9 ABA 及 IAA 免疫定位实验

【实验目的】

1. 了解激素免疫定位的原理及在生物学研究中的应用；
2. 掌握材料的固定包埋方法及进行免疫定位的技术；
3. 学习如何观察免疫荧光信号。

【实验原理】

植物激素是植物体内合成的一系列微量有机物质，它由一个部位产生运输到作用部位，在极低浓度下引起生理反应，以调控植物生命活动，从种子休眠、萌发、营养生长、分化到生殖、成熟、衰老的整个进程。此外，激素还是植物感受外部环境条件变化，调节自身生长状态、抵御不良环境，维持生存必不可少的信号分子。目前大家公认的植物激素主要有以下五大类：生长素、赤霉素、细胞分裂素、脱落酸和乙烯。而近年来随着研究的深入，油菜素甾醇和茉莉酸也逐渐被认为是植物激素。

在这几类激素中，生长素(indole-acetic acid, IAA)是第一个被鉴定的植物激素，它含有一个不饱和芳香环和一个乙酸侧链(图 2-9-1A)。作为一个关键的植物激素，生长素几乎参与到植物生长发育的各个阶段，包括成花、器官发生、维管组织的发育和生长、向光性以及向重力性等。而生长素是目前已知唯一一个具有极性运输的激素，它的梯度分布经常是植物新器官或组织形成的位置信息。因此对生长素分布模式的了解对理解植物的生长发育有重要意义。

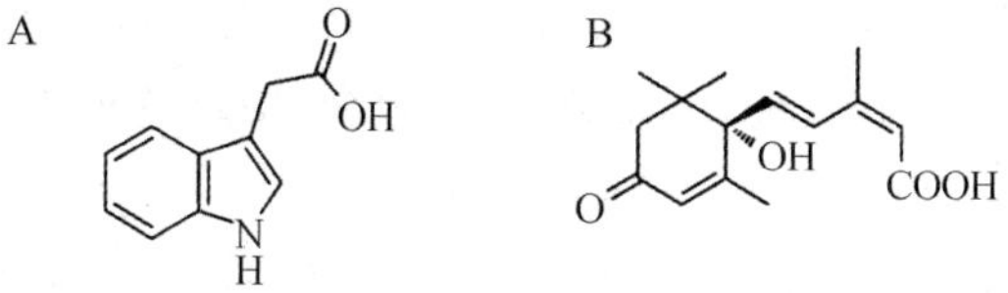

图 2-9-1 生长素(A)和脱落酸(B)的化学结构式

脱落酸(abscisic acid, ABA)是一种植物体内存在的具有倍半萜结构的植物内源激素(图 2-9-1B)，具有控制植物生长、抑制种子萌发及促进衰老等效应。随着研究的不断深入，人们发现 ABA 在植物干旱、高盐、低温等逆境胁迫反应中起重要作用，它是植物的抗逆诱导因子，因而被称为植物的"胁迫激素"。

植物激素在组织和细胞中的分布可能是极不均匀的，而只有作用位点中的**激素积累**才能诱发生理效应，因此了解植物激素在组织和器官中的分布特点，是探讨其在植物体内发挥作用机制的基础。

免疫细胞化学技术是指利用抗体对抗原的特异性反应,对组织或细胞内的某一抗原进行检测,将内源激素分布规律形象直观地表现出来,把激素定位与定量(或相对定量)尽可能统一起来。目前生长素和脱落酸的单克隆抗体和多克隆抗体已经获得,通过与酶、荧光分子等连接的二抗结合,可以通过光镜和电镜检测,实现植物激素的原位定位。但是由于植物激素均为小分子物质,在固定过程中极易流失,因此在植物材料固定之前,需要先用EDC(1-ethyl-3-(3-dimethylaminopropyl)-carbodiimide)交联,将酸性的植物激素与大分子蛋白相交联,可以防止生长素及脱落酸的流失,再利用免疫学的原理,采用多克隆(或单克隆)抗体技术显示激素的分布状况段。利用该项技术进行植物激素在细胞内的定位,为研究植物激素的作用机理提供依据。

【试剂与器材】

一、试剂

1. 3% EDC(N-(3-Dimethylaminopropyl)-N'-ethylcarbodiimide hydrochloride):新鲜配制,使用前将 ddH_2O 4℃预冷,称取 EDC 粉末溶解后放入冰盒。

2. 1 mol/L PBS(500 mL):KCl 10 g,$Na_2HPO_4 \cdot 12H_2O$ 109.5 g,KH_2PO_4 24.1 g。

3. 多聚甲醛固定液(100 mL):多聚甲醛 4 g 加纯净水 50 mL,加一定量 NaOH 放入 65℃烘箱至多聚甲醛溶解;冷却,加 25%戊二醛 10 mL,加 0.2 mol/L PBS 定容至 100 mL。

4. BSA 封闭液:10 mmol/L PBS,0.1% Tween-20,1.5%甘氨酸,3% BSA。

5. IAA 及 ABA 抗体为购自 AGDIA 公司的单抗。使用 0.1 mol/L PBS(pH 7.2)加入等体积的甘油做溶解液,制成 10 mg/mL 母液。

6. Flur488 标记山羊抗小鼠 IgG 抗体。

二、器材

烧杯,烘箱,镊子,切片机,载玻片,盖玻片,展片台,染缸,PE 手套,荧光显微镜。

【实验步骤】

一、材料固定

1. 用镊子夹取拟南芥花序放于预冷的 3% EDC 中,抽气至材料下沉,4℃避光交联 60 min。

2. 将 EDC 溶液倒掉,加入 0.2 mol/L PBS,4℃放置 10 min 以洗掉 EDC 溶液,共 3 次。

3. 倒掉 PBS,加入多聚甲醛固定液,抽气至下沉,4℃过夜。

二、梯度溶液过渡

1. 用 0.2 mol/L PBS 清洗材料中的多聚甲醛,每次 10 min,共 3 次。

2. 将材料经以下梯度浓度的乙醇脱水:50%、70%、80%、95%、100%,每个浓度处理

1 h。

3. 将材料放于乙醇∶二甲苯为 1∶1 的溶液中,处理 30 min。

4. 将材料放于二甲苯中,处理 1 h。

5. 换入新的二甲苯,加入一半体积石蜡,42℃过夜。

三、换蜡,包埋

1. 梯度透蜡。往二甲苯里逐渐投入蜡片,42℃开盖放置,至蜡片完全溶解后再投入蜡片,至容器里有较多的石蜡。期间若容器液体较多,可以倒掉部分液体。

2. 将材料换至新鲜溶解的石蜡中,转移至 62℃烘箱,开盖放置。2~3 h 换一次蜡,换蜡 4~6 次。

3. 包埋:调展片台温度到约 60℃,将液蜡倒入干净纸槽中,调整材料位置摆放好后静置,待石蜡冷却凝固,4℃保存。

四、切片

先把载玻片涂上多聚赖氨酸。将含材料的蜡块修整好,于切片机上切片,切片厚度 10 μm。37℃烤片过夜。在烤片过程中可快速镜检,寻找理想切片。

五、脱蜡,复水,封闭,免疫定位

1. 将烤好的切片放入染缸中,然后按以下步骤浸泡进行:二甲苯 10 min,重复 1 次→50% 乙醇+50%二甲苯→100%乙醇→95% 乙醇→80%乙醇→70%乙醇→50%乙醇→30%乙醇,每一步 10 min。多聚甲醛固定液 10 min。

2. 0.2 mol/L PBS 洗 10 min,重复 1 次。

3. 10 mmol/L PBS 洗 10 min,重复 1 次。

4. BSA 室温封闭 1 h。

5. 用 10 mmol/L PBS 溶解的 3%BSA 以 1∶100 的比例稀释一抗(IAA 或 ABA 抗体),4℃过夜。加一抗前需事先准备好封片手套,将 PE 手套剪成盖玻片大小,然后将片子从封闭液中拿出,用滤纸擦净片子背面及材料周围,注意材料不能干,然后加稀释后一抗 150 μL,将盖玻片大小的手套覆盖在片子上,注意抗体要铺匀且不能有气泡。将封好的片子放在湿盒中,湿盒中加水保湿,置于 4℃过夜。

6. 将封片手套摘下,片子放入染缸中,10 mmol/L PBS 洗 10 min,重复 1 次。

7. 用 10 mmol/L PBS 溶解的 3%BSA 以 1∶500 的比例稀释二抗,与一抗一样加手套封片,室温避光放置 4 h。

8. 10 mmol/L PBS 洗 5 min,重复 2 次。

9. 将片子从染缸取出来,同样用滤纸擦净载玻片背面及材料周围,加甘油封片剂 50 μL,用镊子夹住盖玻片,从载玻片一端轻轻将其覆盖在材料上,注意不能有气泡,封片观察。

【结果与分析】

1. 荧光显微镜下观察,确定 IAA 及 ABA 在植物组织中的定位。
2. 图 2-9-2 显示的是文献报道的水稻叶片中 IAA 及 ABA 的定位,注意同负对照比较观察 IAA 和 ABA 在植物组织中的分布位置,同时也可以比较 IAA 和 ABA 之间的分布差别。

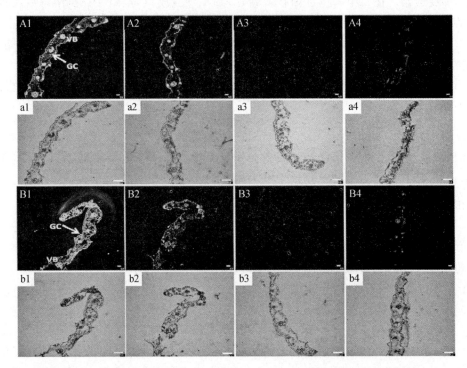

图 2-9-2　干旱胁迫和正常供水下小麦叶片中 IAA 和 ABA 的免疫组织化学定位

A1、A2、A3、A4 为 IAA 定位的荧光显微图像;a1、a2、a3、a4 依次为其明场图像。B1、B2、B3、B4 为 ABA 定位的荧光显微图像;b1、b2、b3、b4 依次为其明场图像。A1 和 B1 是干旱胁迫下的小麦叶片;A2 和 B2 是正常供水下小麦叶片;A3 和 B3 是用正常兔血清代替一抗的干旱小麦叶片;A4 和 B4 是用 PBS 代替二抗的干旱小麦叶片(图片改自:张炜,高巍,等,2014)

【注意事项】

1. 拟南芥花序由于材料紧密,一般很难抽气下沉,EDC 交联抽气一般 30 min 即可。
2. 所有的换液过程要快,不能让材料干掉。
3. 样品用 EDC 处理要快,抽气要快。
4. 前处理一定要在低温下进行。

5. 激素抗体多抗结果好,但有假阳性信号;单抗信号弱于多抗信号(对同一种激素而言),但结果可信。单抗和多抗使用的二抗有区别。

6. 不同激素抗体要弄清楚免疫的基团位点,ABA 分 N 型抗体和 C 型抗体,IAA 及 GA 等的抗体交联基团是不一样的。这样才能选择对应的前处理方式:抗原决定簇是吲哚环的,是 N 型抗体,其样品前处理交联剂选用多聚甲醛;抗原决定簇在羧基位置的,是 C 型抗体,其样品前处理交联剂选用 EDC。

7. 免疫染色极易污染,每步完成后,镊子都要清洗。

【参考文献】

1. 郝格格,孙忠富,张录强,杜克明. 2009. 脱落酸在植物逆境胁迫研究中的进展. 中国农学通报,18:212—215.

2. 黄丛林,张大鹏,贾文锁. 1999. 葡萄种子细胞中脱落酸的胶体金免疫电镜定位. 中国农业大学学报,05:111—117.

3. 贾文锁,黄丛林,张大鹏. 1997. 蚕豆叶片细胞中 IAA 的胶体金免疫电镜定位. Acta Botanica Sinica,07:596—600,689—690.

4. 张炜,高巍,曹振,何丽珊,谭桂玉,王保民. 2014. 干旱胁迫下小麦(*Triticumaestivum L.*)幼苗中 ABA 和 IAA 的免疫定位及定量分析. 中国农业科学,15:2940—2948.

5. 桑永明,周燮,张能刚,万寅生. 1993. 玉米根尖 ABA 结合蛋白的免疫金银法定位. 中国科学,23:1058—1062.

6. Azmi A, Dewitte H, Van Onckelen, Chriqui D. 2001. In situ localization of endogenous cytokinins during shooty tumor development on *Eucalyptus globulus Labill*. Planta, 213:29—36.

7. Zhang DP, Huang CL, Jia WS. 1999. Immunogold electron-microscopy localization of abscisic acid in flesh cells of grape berry. Scientia Horticulturae, 81:189—198.

第三章 蛋白-蛋白、蛋白-基因之间的互作检测技术

3-1 染色质免疫共沉淀(ChIP)

【实验目的】
1. 学习染色质免疫共沉淀技术(ChIP)的实验原理；
2. 掌握ChIP技术的具体实验方法。

【实验原理】

染色质免疫共沉淀技术(Chromatin Immunoprecipitation,ChIP),也称结合位点分析法,是研究体内蛋白质与DNA相互作用的有力工具,通常用于转录因子结合位点或组蛋白特异性修饰位点的研究。将ChIP与第二代测序技术相结合的ChIP-seq技术,能够高效地在全基因组范围内检测与组蛋白、转录因子等互作的DNA区段。

2007年,Baski等人在 Cell 杂志发表了使用ChIP-seq技术研究人类组蛋白修饰的文章,他们利用Solexa 1G测序技术建立了人类全基因组范围内的20种组蛋白中亮氨酸、精氨酸位点的甲基化图谱,以及组蛋白H2A.Z的RNA聚合酶Ⅱ和结合蛋白CTCF的结合位点高精度图谱(Barski, et al,2007)。随后在植物的研究中,ChIP-seq技术也得到了广泛的应用,研究者用此技术去寻找花发育过程中的关键转录因子的下游结合序列,以发掘其调控的下游网络,因此,ChIP-seq技术成为我们研究目标基因功能的强有力手段。由于ChIP实验是直接在生物体内进行,较其他技术更能反映基因的真实结合情况。

ChIP技术的实验原理:首先将基因组DNA断裂成约200~1000 bp大小的片段,通过目的蛋白的特异性抗体将目的蛋白连同其结合的DNA片段特异性富集下来,最后用"protein A或G"特异性地结合免疫球蛋白的FC片段,将抗体连同的目的蛋白和DNA共同沉淀下来,这些DNA即为目的蛋白所直接结合的DNA,将DNA片段进行纯化后可以进行后续的一系列分析:如进行文库构建后高通量测序,得到目的蛋白的全基因组范围内的结合位点;也可以针对目的蛋白的特定几个基因进行结合验证。

ChIP试验的一般流程见图3-1-1。

3-1 染色质免疫共沉淀（ChIP）

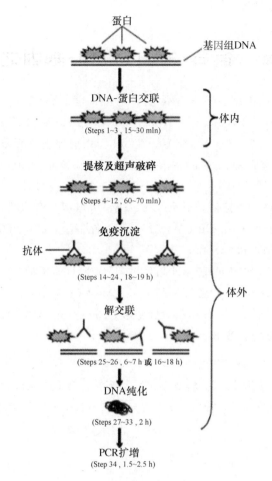

图 3-1-1　ChIP 实验大体流程

（Kaufmann K，et al，2010）

【试剂与器材】

一、试剂

1. 磷酸钠缓冲液（1 mol/L 储备液，pH 7.0）：1 mol/L Na_2HPO_4 57.7 mL，1 mol/L NaH_2PO_4 42.3 mL，过滤后室温保存。

2. Hepes（0.5 mol/L，pH 7.5）：Hepes 5.958 g 溶于 35 mL 水中，用 NaOH 调 pH 7.5，定容到 50 mL，过滤后 4 ℃保存。

3. MC 缓冲液（新鲜配制）：蔗糖 3.423 g，磷酸钠缓冲液（1 mol/L 储备液）1 mL，NaCl（5 mol/L 储备液）1 mL，定容到 100 mL。用前冰上冷却。

4．M1~M3 缓冲液：

（1）M1 缓冲液（新鲜配制）：磷酸钠溶液（1 mol/L 储备液）250 μL，NaCl（5 mol/L 储备液）500 μL，2-甲基-2,4-戊二醇 3.2 mL，β-巯基乙醇 17.7 μL，定容到 25 mL。用前加蛋白酶抑制剂 cocktail。

（2）M2 缓冲液（新鲜配制）：磷酸钠溶液（1 mol/L 储备液）250 μL，NaCl（5 mol/L 储备液）500 μL，2-甲基-2,4-戊二醇 3.2 mL，$MgCl_2$（1 mol/L 储备液）250 μL，Triton X-100（20% 储备液）625 μL，β-巯基乙醇 17.7 μL，定容到 25 mL。用前加蛋白酶抑制剂 cocktail。

（3）M3 缓冲液（新鲜配制）：磷酸钠溶液（1 mol/L 储备液）250 μL，NaCl（5 mol/L 储备液）500 μL，β-巯基乙醇 17.7 μL，定容到 25 mL。用前加蛋白酶抑制剂 cocktail。

5．Sonic 缓冲液：磷酸钠溶液（1 mol/L 储备液）500 μL，NaCl（5 mol/L 储备液）1 mL，250 mg 十二烷基肌氨酸钠，1 mL EDTA（0.5 mol/L 储备液）定容到 50 mL。过滤除菌。用前加全蛋白酶抑制剂 pmsf 和 cocktail。

6．IP 缓冲液：HEPES 缓冲液（pH 7.5）（0.5 mol/L 储备液）5 mL，NaCl（5 mol/L 储备液）1.5 mL，$MgCl_2$（1 mol/L 储备液）250 μL，$ZnSO_4$（100 mmol/L 储备液）5 μL，Triton X-100（20% 储备液）2.5 mL，SDS（10% 储备液）250 μL 定容到 50 mL。

7．1.25 mol/L 甘氨酸储备液。

二、器材

研钵，真空泵，超声破碎仪，冷冻离心机，静音混合器，涡旋仪，电子天平，高温烘箱，DNA 电泳仪，尼龙膜，液氮，离心管（1.5 mL，2 mL，50 mL），注射器，0.22 μm 滤膜。

【实验步骤】

一、取材及交联

1．取植物材料 0.8 g 于 50 mL 的管中，置于冰上，取材不应该超过 40 min。

2．在 25 mL MC 缓冲液中，加入终浓度为 1% 的甲醛储备液（37% 储备液）676 μL 交联 20 min。中间混匀。

3．加入甘氨酸（1.25 mol/L 储备液）2.5 mL，颠倒混匀，真空抽气 5 min。

4．分别用 25 mL MC 缓冲液洗涤 3 次。之后在滤纸上吸干，将材料转移到 50 mL 新管中。（此步完成后可冻存于 −80 ℃。）

二、提核及超声破碎

1．用研钵在液氮条件下将材料研磨。

2．将研磨粉转移到装有 20 mL M1 缓冲液的 50 mL 管中。

3．尼龙膜过滤 2 次，用 5 mL M1 缓冲液洗膜，收集流出液。（注意：M1~M3 缓冲液中含有巯基乙醇，操作中应戴护具。）

4. 4 ℃ 1000 g 离心 20 min。

5. 用 M2 缓冲液 5 mL 洗涤细胞核蛋白 5 次,4 ℃ 1000 g 离心 10 min。

6. 用 M3 缓冲液 5 mL 洗涤,4 ℃ 1000 g 离心 10 min。

7. 用 Sonic 缓冲液 1 mL 悬浮细胞核后,将其转移到 2 mL 的离心管中。

8. 超声破碎 DNA 片段,200 W 15 s 12 次,中间间隔 40～60 s。超声处理后的 DNA 片段大小应在 200～1000 bp 之间。

9. 超声破碎 DNA 片段检测方法:

(1) 取 20 μL 超声后的液体到新 EP 管中,加入 M1 缓冲液 100 μL。

(2) 加入 5 mol/L NaCl 4 μL,65 ℃放置 4 h 以上。

(3) 加入 10 mg/mL RNase 2 μL,37 ℃放置 0.5 h。加入 0.5 mol/L EDTA 2 μL,1 mol/L Tris-HCl(pH 6.5)4 μL 和 20 mg/mL 蛋白酶 K 1 μL,45 ℃放置 1.5 h。

(4) 加入酚-氯仿 130 μL,混匀,室温 13 800 g 离心 15 min;取上清液 5～20 μL 电泳检测。

10. 将超声破碎的 DNA 片段以最大转速 4 ℃ 离心 10 min;取上清液,再次 4 ℃ 最大转速离心 8 min,并转移到新管中。

三、预清洗

1. 将上清液转移到 2 mL 管中,管中含有与上清液相同体积的 IP 缓冲液。取出一部分作为加样对照(input control)。

2. 4 ℃ 16 000 g 离心 10 min,除去碎片,将悬浮物转移到 2 mL 新管中。

3. 预处理蛋白 A-琼脂糖微球(Protein-A agarose beads)(微球浓度 25%)。

4. 加入 Protein-A 80 μL,4 ℃ 旋转盘上预清洗 1.5 h。

5. 3800 g 4 ℃ 离心 5 min,将上清液转移到 2 mL 管中,4 ℃,最大转速离心 10 min。

四、免疫沉淀

1. 将上清液均分,加入 2 mL 的离心管中。一个作为 IP 样品(IP-sample),一个作为负对照(如果有突变体,可以不用 IgG 为负对照)。

2. 加纯化抗体 3 μL 于 IP 样品中(一般约 1～2 μg),另一管将免疫前血清 3 μL 加入负对照中,4 ℃ 混匀 1 h。

3. 4 ℃ 16 000 g 离心 5 min 以除去碎片,将上清液转移到 2 mL 新管中。

4. 将蛋白 A(微球浓度 25%)40 μL 加入每个管中,4 ℃ 混匀 50 min。

5. 3800 g,4 ℃ 离心 5 min,弃上清液,留微球。

6. 室温下在转盘上用 IP 缓冲液 1 mL 洗涤微球 5 次。每次洗涤后将微球和缓冲液转移到新的 1.5 mL 管中,室温下 3800 g 离心 2 min,每次离心后,要尽量将缓冲液除去。

五、洗脱

1. 配制洗脱缓冲液:SDS 0.1 g,NaHCO$_3$ 0.168 g 配成 20 mL 溶液。

2. 加洗脱缓冲液 250 μL,室温颠倒 15 min,然后室温 3800 g 离心 2 min,将上清液转移到新 EP 管中。重复洗脱 1 次,合并两次洗脱液。

六、解交联

1. 每个样品加入 5 mol/L NaCl 20 μL,65 ℃放置过夜。加样对照做同样处理。

2. 加入 10 mg/mL RNase 2 μL,37 ℃消化 0.5 h。加入 0.5 mol/L EDTA 10 μL,1 mol/L Tris-HCl (pH 6.5) 20 μL 和 20 mg/mL 蛋白酶 K 1 μL,45 ℃放置 1.5 h 以消化蛋白。

七、酚-氯仿抽提

1. 加入酚-氯仿 550 μL,旋涡振荡混匀,4 ℃ 13 800 g 离心 15 min。

2. DNA 沉淀回收:将上清液约 400 μL 转入新的 2 mL EP 管中,加入无水乙醇 1 mL,3 mol/L NaAc(pH 5.2) 40 μL,20 mg/mL 糖原 4 μL,在 −80 ℃放置过夜。4 ℃ 13 800 g 离心 15 min,弃上清液。用 70% 乙醇 1 mL 清洗沉淀,4 ℃ 13 800 g 离心 10 min。弃上清液,除去乙醇,室温晾干。加入 ddH_2O 50~100 μL 溶解沉淀,DNA 分装后可存于 −80 ℃。

若后续试验对 DNA 纯度要求较高,则可用 QIAGEN MiniElute 试剂盒纯化 DNA。

纯化后的 DNA 可进行下一步 Real-time PCR 检测或构建文库后进行高通量测序。

【结果与分析】

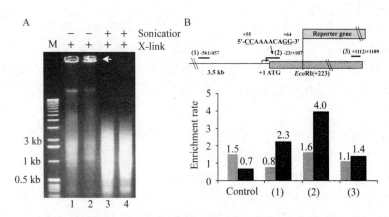

图 3-1-2 ChIP 实验中基因组 DNA 超声效果展示

(A) 1,2 泳道为超声断裂前的植物基因组 DNA;3,4 泳道为超声断裂后的 DNA 片段。(Chris Bowler, et al,2004)

(B) 利用 ChIP 实验体内验证 AGAMOUS 蛋白对 *DAD1* 基因的结合。上图中(1)(2)(3)为验证的 *DAD1* 基因被结合的位点,下图为利用 AGAMOUS 蛋白抗体 ChIP 实验后,进行 Real-time PCR 检测,灰色为 IgG 对照,黑色为 AG 抗体所富集。(Ito T, et al, 2007)

【注意事项】

1. ChIP 实验的成功与否,抗体是关键,所以在进行 ChIP 之前,要进行抗体效价检测,确保抗体达到 IP 级别。
2. 因 ChIP 实验流程较长,实验重复性较差,所以每次实验要设计完整的正对照和负对照。
3. 不同的实验材料超声的效果不尽相同,所以进行 ChIP 实验之前,对超声的条件需进行提前摸索。
4. ChIP 实验需要的试剂中,有一些较易长菌,所以试剂储存时间不要太久。
5. 抗体免疫沉淀的时间可以根据具体抗体的效价进行调整。

【参考文献】

1. Barsk A, Cuddapah S, Cui K, et al. 2007. High-resolution profiling of histone methylations in the human genome. Cell, 129: 823—837.
2. Kaufmann K, Muino J M, Østerås M, et al. 2010. Chromatin immunoprecipitation (ChIP) of plant transcription factors followed by sequencing (ChIP-SEQ) or hybridization to whole genome arrays (ChIP-CHIP). Nature Protocols, 5: 457—472.
3. Saleh A, Alvarez-Venegas R, Avramova Z. 2008. An efficient chromatin immunoprecipitation (ChIP) protocol for studying histone modifications in *Arabidopsis* plants. Nat Protoc, 3: 1018—1025.
4. Bowler C, Benvenuto G, et al. 2004. Chromatin techniques for plant cells. Plant J, 39 (5): 776—789.
5. Ito T, Ng K H, et al. 2007. The homeotic protein AGAMOUS controls late stamen development by regulating a jasmonate biosynthetic gene in *Arabidopsis*. Plant Cell, 19 (11): 3516—3529.

3-2 GST-pull down 技术分析植物蛋白相互作用

【实验目的】

1. 学习 GST-pull down 技术原理;
2. 掌握采用 GST-pull down 技术分析蛋白质的相互作用的方法。

【实验原理】

Pull down 实验是在体外检测两种蛋白是否有相互作用的实验。实验进行前,需要有可以检测两种蛋白中至少一种的抗体,可以是针对此种蛋白的自抗体,也可以是连于蛋白上标签的抗体。

GST-pull down 技术是在 GST(Glutathione S transferase)融合蛋白的基础上发展起来的,GST 能与谷胱甘肽(GSH,Glutathione)特异性结合,它作为表达标签蛋白,能促进原核表达蛋白的正确折叠及可溶性表达。GST-pull down 利用 GST 融合蛋白(Bait)可以与 GSH-coupled 微球(Beads)结合的特性,在同一个溶液环境中,利用微球将可以与 Bait 蛋白相互作用的 Prey 蛋白间接地"拉下来",再通过对 Prey 蛋白的后续检测来验证结果。Bait 和 Prey 蛋白可获得的渠道非常多,包括细胞裂解物、纯化过的蛋白、表达体系及体外转录/翻译系统等。具体原理见图 3-2-1。

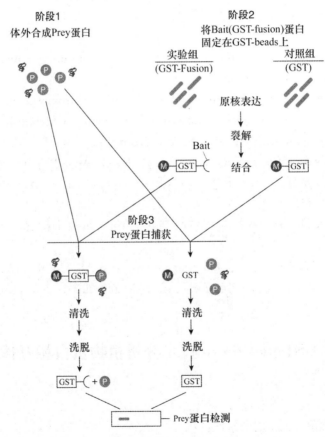

图 3-2-1　GST-pull down 原理图(MagneGST™ Pull-Down System[1])

【试剂与器材】

一、试剂

1. 含 100 mg/mL 氨苄青霉素（Amp）的液体 LB 培养基。
2. IPTG 母液（0.1 mol/L）。
3. PBS 溶液：KH_2PO_4 0.27 g，Na_2HPO_4 1.42 g，NaCl 8 g，KCl 0.2 g，加去离子水约 800 mL，充分搅拌溶解，加入浓盐酸调 pH 至 7.4，定容到 1 L。
4. 裂解液：1×PBS，1 mmol/L DTT，1 mmol/L PMSF。
5. GST 结合缓冲液：1×PBS，0.5 mmol/L EDTA，0.5% NP 40，1 mmol/L DTT，100 mmol/L NaCl，4℃预冷 2 h。
6. 蛋白上样缓冲液（protein loading buffer）。
7. 1×SDS-PAGE 缓冲液：25 mmol/L Tris，192 mmol/L 甘氨酸，0.1% SDS，pH 8.3。
8. 12% SDS-PAGE 胶

   (1) 浓缩胶（5%丙烯酰胺（acrylamide））2 mL：去离子水 1.4 mL，30% 丙烯酰胺 330 μL，1.0 mol/L Tris-HCl（pH 6.8）250 μL，10% SDS 20 μL，10%过硫酸铵 20 μL，TEMED 2 μL。

   (2) 分离胶（12%丙烯酰胺）（一般为 8%～12%）5 mL：去离子水 1.6 mL，30%丙烯酰胺 2.0 mL，1.5 mol/L Tris-HCl（pH 8.8）1.3 mL，10% SDS 50 μL，10%过硫酸铵 50 μL，TEMED 2 μL。

9. 1×转移缓冲液（transfer buffer）（1 L）：甘氨酸 14.4 g，Tris base 3.03 g，甲醇 200 mL，ddH_2O 800 mL。
10. TBST（1 L）：10×TBS 100 mL，10% Tween-20（终浓度 0.1%（体积分数））10 mL，ddH_2O 890 mL。
11. 丽春红染料。
12. 封闭液：5%脱脂奶粉（脱脂奶粉 1 g 溶解到 TBST 溶液 20 g 中）。
13. (1) 一抗：TF 抗体，使用浓度 1∶10 000。

    (2) 二抗：鼠抗，使用浓度 1∶4000。
14. 显影液：黑液、白液各 0.5 mL 混合。
15. GST 微球（GST-beads），已固定 GSH（immobilized glutathione）。
16. 原核表达载体 pGEX-6p-1-Bait 转化大肠杆菌 BL21（DE3）菌株。
17. 常规纯化好的带 TF（trigger factor）标签的 Prey 蛋白。

二、器材

恒温培养箱，分光光度计，4℃冰箱，−20℃冰箱。−80℃冰箱，超声破碎仪，大型离心机，高速冷冻离心机，翻转摇匀仪，金属浴，制胶板，蛋白电泳仪，转膜仪（湿转），脱色摇床，显影用 X 射线胶片压片暗盒及成影仪。

【实验步骤】

一、Prey 蛋白诱导表达与纯化

（参见常规蛋白诱导、表达、纯化流程）

二、Bait(GST-fusion)蛋白诱导表达与收集

1. 取构建好的 pGEX-6p-1-Bait 载体重组质粒和 pGEX-6p-1 空载体分别转化 BL21 菌株，并分别挑取适量于 5 mL LB(含 100 mg/mL Amp)中，37℃摇床中活化数小时。

2. 从中按 1∶500 取适量菌液转到 10～50 mL 培养基体系中继续培养，至 A_{600} 为 0.4～0.6 时再放入 16℃摇床预冷 30 min。

3. 加入 IPTG 至终浓度 0.1 mmol/L，在 16℃摇床以 120 r/min 转速培养过夜。

4. 8000 g 离心 5 min，收集菌体沉淀冻存于 −80℃(或至少在 −20℃放置 15～20 min)，使用前拿出在冰上放置 5～10 min。

三、GST-pull down

1. 将 Bait 蛋白菌体沉淀用 4 mL 裂解液(事先置于冰上预冷)重悬清洗到 5 mL 小烧杯中，置于冰上，超声破碎仪设置为 3 s/7 s×30 次循环，开始超声破碎菌液。

2. 将破碎后的澄清液在 4℃，14 000 r/min 离心 15 min，吸取上清液到 2 mL EP 管中，置于冰上待用。

3. 取 GST 微球(已固定 GSH) 10～20 μL 置于新的 1.5 mL EP 管中，用 1×PBS 1 mL 清洗，7350 g 离心 2 min，小心吸去上清液，重复 3 次，将 EP 管置于冰上待用(注意：平衡完的微球要尽快使用)。

4. 各取 Bait 蛋白菌液上清液及 GST 标签蛋白菌液上清液 1 mL 分别加入已平衡过微球的 EP 管中，在翻转混匀仪上振荡 20 min，7350 g 离心 1 min，小心弃上清液。可重复操作一次，提高微球吸附的蛋白量。

5. 用 1×PBS 1 mL 洗 EP 管 3 次：每次翻转振荡 2 min，再 7350 g 离心 2 min，弃上清液。

6. 用 GST 结合缓冲液(binding buffer) 1 mL 平衡 3 次：每次翻转振荡 2 min，再 7350 g 离心 2 min，弃上清液。

7. 在 EP 管中加入 GST 结合缓冲液 1 mL，再加入 Prey 蛋白 2 μL 与微球结合，室温(或 4℃)翻转振荡 1 h。

8. 用 GST 结合缓冲液 1 mL 洗 5 次：每次翻转振荡 10 min，再 7350 g 离心 2 min，弃上清液。

9. 在微球沉淀中加入适量 1×PBS(10～20 μL)和蛋白加样缓冲液(protein loading buffer)，95℃金属浴 10 min，12 000 r/min 离心 1 min，取上清液适量(大概样品的 25%～

50%)用于 SDS-PAGE;同时加入第 7 步中 Prey 蛋白量的 1/20,混合适量上样缓冲液作相同处理,作为加样对照。

四、Western 杂交检测

1. 将上述总计三个样品(目标 pull down 产物,GST 对照,加样对照)进行 SDS-PAGE 电泳。

2. 转膜:采用常规湿转,NC 膜,设置条件 300 mA,1 h。

3. 染色:将 NC 膜用约 20 mL TBST 溶液振荡清洗 10 min,再用丽春红染料(可回收)染色至条带清晰,拍照记录下各泳道蛋白总量作为参考,再用 TBST 清洗至无色。

4. 封闭:5%脱脂奶粉 20 mL 室温封闭 1 h。

5. 一抗:将一抗以 1∶10000 稀释加入到封闭液中,4℃振荡过夜。

6. 洗涤:TBST 20 mL 振荡清洗 3 次,每次 10 min。

7. 二抗:将二抗以 1∶4000 稀释到 20 mL 5%脱脂奶粉中,室温振荡 1 h。

8. 洗涤:TBST 20 mL 振荡清洗 3 次,每次 10 min。

9. 曝光:取显影液 1 mL,将 NC 膜正面朝下浸入其中 5 min,用滤纸吸尽多余液体,将 NC 膜用保鲜膜封闭包好,固定在压片夹里,暗室曝光。

【结果与分析】

1. 如果 Bait 泳道显示出单一条带,大小与加样对照条带相同,且 GST 标签对照泳道无对应条带,则说明 Bait 蛋白将 Prey 蛋白成功拉下,这两个蛋白可能相互作用。

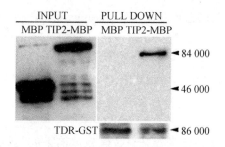

图 3-2-2　验证 TDR 与 TIP2 相互作用的 GST-pull down 实验结果(Fu Z, et al, 2014)

2. 图 3-2-2 通过 pull down 验证 TDR 与 TIP2 相互作用为例进行分析。Bait 蛋白为 TDR,Prey 蛋白为 TIP2-MBP 融合蛋白。左边两个泳道展示 MBP 标签及 Prey 融合蛋白作为加样对照,右面两个泳道是 MBP 标签及 Prey 融合蛋白(TIP2-MBP)分别与 Bait 蛋白 Pulldown 后的结果,其中 MBP 标签与 Bait 蛋白的泳道没有条带,说明 MBP 标签与 TDR-GST 融合蛋白没有相互作用,而 TIP2-MBP 与 TDR-GST 的泳道有单一条带,说明在此实验系统中验证了 TIP2 与 TDR 的相互作用。

【注意事项】

1. 有关微球的操作动作一定要轻柔,以免微球被吸头吸走造成损失;每管微球的量不要太多,否则会造成非特异性结合干扰实验结果。

2. 加样(input)蛋白总量要严格控制,预实验可多设几个梯度,理想情况是最终曝光的片子上加样蛋白和 Bait 蛋白泳道条带亮度相差不多。

【参考文献】

1. MagneGST™ Pull-Down System. Technical Manual No. 249. www.promega.com

2. 柴政斌,张更林,韩金祥. 2014. GST-pull down 技术在蛋白质相互作用中的应用. 中国生物制品学杂志,27(10):1354—1358.

3. Fu Z, Yu J, Cheng X, et al. 2014. The rice basic helix-loop-helix transcription factor TDR INTERACTING PROTEIN2 is a central switch in early anther development. Plant Cell, 26(4): 1512—1524.

3-3　酵母单杂交

【实验目的】

1. 掌握酵母单杂交技术;
2. 熟悉体外筛选或检测与转录因子 DNA-binding 区域结合的顺式作用元件的方法。

【实验原理】

酵母单杂交技术是一种研究蛋白质和特定 DNA 序列相互作用的技术方法,主要包括四个流程:①筛选含有报告基因的酵母单细胞株;②构建表达文库;③重组质粒转化至酵母细胞;④阳性克隆菌株的筛选。

酵母单杂交技术是 1993 年由酵母双杂交技术发展而来的,其基本原理为:真核生物基因的转录起始需转录因子参与,转录因子通常由一个 DNA 特异性结合功能域和一个或多个其他调控蛋白相互作用的激活功能域组成,即 DNA 结合结构域(DNA-binding domain,BD)和转录激活结构域(activation domain,AD)。用于酵母单杂交系统的酵母 GAL4 蛋白是一种典型的转录因子,GAL4 的 DNA 结合结构域靠近羧基端,含有几个锌指结构,可激活酵母半乳糖苷酶的上游激活位点(UAS),而转录激活结构域可与 RNA 聚合酶或转录因子 TFI-ID 相互作用,提高 RNA 聚合酶的活性。在这一过程中,DNA 结合结构域和转录激活结构域可完全独立地发挥作用。据此,我们可将 GAL4 的 DNA 结合结构域置换为文库蛋白编码基因,只要其表达的蛋白能与目的基因相互作用,同样可通过转录激活结构域激活 RNA

聚合酶,启动下游报告基因的转录。

【试剂与器材】

一、试剂

1. 酵母完全培养基(YPDA):蛋白胨 20 g/L;酵母浸出物 10 g/L;葡萄糖 20 g/L;腺嘌呤 0.03 g/L;琼脂(仅用于平板)20 g/L。含葡萄糖培养基的灭菌条件为 121℃,15 min。

2. 营养缺陷培养基(SD):无氨基酸酵母氮源(yeast nitrogen base without amino acids,YNB)6.7 g/L;1 L 培养基对应的 Dropout 粉末;葡萄糖 20 g/L;琼脂(仅用于平板)20 g/L。用 NaOH 调节 pH 到 5.8。

3. SD/Gal/Raf/X-gal 培养基(1 L):YNB 6.7 g;1 L 培养基对应的 Dropout 粉末;琼脂(仅用于平板)20 g,溶解到 825 mL 的水中,不需要调节 pH,直接灭菌。降温到 55℃,加入以下试剂:40% 半乳糖溶液 50 mL,40% 棉子糖溶液 25 mL,10×BU 盐溶液 100 mL 和 20 mg/mL 的 X-Gal 4 mL。

4. 10×BU 盐溶液:$Na_2HPO_4 \cdot 7H_2O$ 70 g,NaH_2PO_4 30 g,调节 pH 到 7,灭菌,室温保存。X-Gal 用 N,N-二甲基甲酰胺(N,N-dimethylformamide,DMF)溶解,于 −20℃ 黑暗保存。

5. PEG/LiAc(1 mL):50% PEG 800 μL,10×LiAC 100 μL,10×TE 100 μL。

6. 转化用菌株和载体:采用载体是 pB42AD 和报告载体 pLexA LacZ。蛋白构建在 pB42AD 载体上,启动子片段构建在 pLexA LacZ 载体上。将这两类载体共同转入 EGY48 酵母菌株中。

二、器材

电子天平,水浴锅,超净工作台,高速离心机,紫外分光光度计,摇床,磁力搅拌器,恒温培养箱,旋涡振荡器,灭菌 50 mL 离心管,灭菌 1.5 mL 离心管,灭菌 200、250 mL 三角瓶,无菌培养皿,玻璃涂布器,封口膜。

【实验步骤】

一、PEG/LiAc 法转化酵母细胞

1. 挑取 2~3 个直径在 2~3 mm 的新鲜(1~3 周)酵母克隆,接种于 1 mL YPDA 液体培养基中。

2. 剧烈振荡 5 min 以使细胞团块分散均匀,之后将其转入 50 mL YPDA 液体培养基中。30℃,250 r/min 过夜培养(约 16 h),使得细胞生长状态达到稳定期($A_{600}>1.5$)。取适量的过夜培养物,加入到 300 mL YDPA 培养基中,使得稀释后菌液 A_{600} 为 0.2~0.3。

3. 30℃,230 r/min 继续培养 2~3 h,使得 A_{600} 在 0.6 左右。

4. 在超净工作台内,将酵母细胞转入 50 mL 离心管中。室温,1000 g 离心 5 min。弃上清液,酵母细胞用无菌的 TE 缓冲液重新悬浮,将所有离心管的细胞合并于同一个离心管中。室温,1000 g 离心 5 min。弃上清液,酵母细胞用 1.5 mL(或者稍多)新鲜配制的 1×TE/1×LiAc 重新悬浮,即为酵母感受态细胞。

5. 将 Herring DNA 放入沸水中煮 15 min,然后置于冰上待用。

6. 将 AD-融合蛋白质粒和 *LacZ* 报告基因质粒各约 100 ng 及 Herring DNA 0.1mg 加入 1.5 mL EP 管中并充分混匀。加入酵母感受态细胞 0.1 mL。加入 PEG/LiAc 溶液 0.6 mL,可以漩涡振荡混匀。

7. 将混匀后的细胞 30℃,200 r/min 培养 30 min。加入 DMSO 70 μL,轻轻颠倒混匀。于 42℃水浴中热激 15 min。冰上放置 1~2 min。室温下,14 000 g 离心 5 s。弃上清液,用无菌 TE 缓冲液 0.5 mL 重悬细胞。取 300 μL 或者适当体积重悬酵母细胞并涂布于 SD-H-T 培养基上。将平板于 30℃倒置培养直至克隆出现(通常 2~4d)。

二、报告基因检测

将筛选得到的同时含有这两类载体的克隆转到相应的含有 X-Gal(5-溴-4-氯-3-吲哚-β-D-半乳糖苷,5-bromo-4-chloro-3-indolyl-β-D-galactopyranoside)营养缺陷培养基上进行报道基因的转录激活活性的检测。如果可以激活,酵母显蓝色。

【结果与分析】

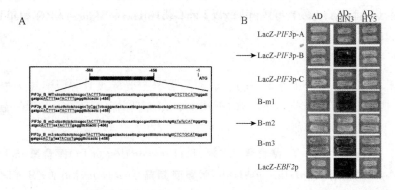

图 3-3-1　(A)用作酵母单杂交的 PIF3 启动子区序列(有下划线的大写红色碱基为预测的 EIN3 结合序列,突变体序列中改变的碱基用蓝色小写表示,详见彩页);(B) A 图中的序列用于酵母单杂交试验(EBF2 用作正对照,AD 和 AD-HY5 用作负对照)

【注意事项】

1. 启动子的选取不要超过 200 bp。
2. 酵母单杂交实验存在一定的假阴性,可以用 ChIP 方法,把启动子筛选一遍。然后选择有结合信号的,用酵母单杂交的实验印证。

【参考文献】

Zhong S, Shi H, Xue C, et al. 2012. A molecular framework of light-controlled phytohormone action in *Arabidopsis*. Current Biology, 22: 1530—1535.

3-4　酵母双杂交

【实验目的】

1. 掌握酵母双杂交技术;
2. 熟悉用酵母双杂交的方法验证蛋白-蛋白之间相互作用的方法。

【实验原理】

酵母双杂交的体系是 Fields 在 1989 年建立的,这种在酵母体内检测蛋白与蛋白之间相互作用的方法是基于人们对于真核生物转录因子作用方式的发现。转录因子是能够与基因上游特定序列专一性结合,从而保证目的基因以特定的强度在特定的时间和空间表达的蛋白质分子。转录因子一般可分为 DNA 结合域(BD)和转录激活域(AD)两个部分,只有当两个部分同时存在时才能激活目的基因的转录表达,单独的 BD 结构域或者 AD 结构域则不能激活下游目的基因的表达。酵母双杂交是将酵母中的 GAL4 转录因子的 BD 和 AD 两部分分别连接在 pGBKT7 和 pGADT7 两个载体上,将两个想要验证互作的蛋白 CDS 片段分别连接在两个载体上,使之分别与 GAL4 的 BD 和 AD 结构域相融合,如果两个待检测的蛋白有相互作用会使 GAL4 的 BD 和 AD 在空间上拉近而合为一个完整的可以行使功能的转录因子,从而可以激活报告基因的表达。酵母双杂交的方法是在酵母活细胞中检测蛋白之间相互作用,对蛋白之间微弱的瞬间的相互作用也能通过报告基因灵敏地检测到,因此该方法具有广泛的应用。

酵母双杂交所用的酵母菌株是 AH109,本身缺乏合成氨基酸 Leu、Trp、His 以及腺嘌呤(Ade)的基因。载体 pGBKT7 和 pGADT7 上分别携带有 Trp 和 Leu 的合成基因。当 pGBKT7 和 pGADT7 载体共同转化到同一个酵母细胞中,该细胞才能在缺乏 Leu 和 Trp 的培养基上生长。如果两个检测蛋白可以相互作用,可以激活报告基因 *HIS3* 和 *ADE2*,这时,酵母可以在同时缺乏 Leu、Trp、His、Ade 的四缺培养基上生长。通过检测是否在四缺培养基上生长,可以指示两个检测蛋白是否可以相互作用。

酵母双杂交的基本原理如图 3-4-1 所示。

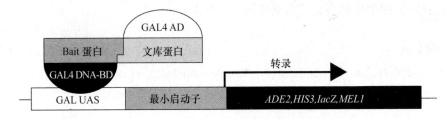

图 3-4-1　酵母双杂交实验基本原理

(摘自 Clontech Laboratories 的 Matchmaker™ Library Construction & Screening Kits User Manual)

在 Matchmaker 的酵母双杂系统中，作为诱饵的蛋白与 GAL4 的 DNA BD 结构域融合，而另一个基因与 GAL4 的 DNA AD 结构域融合。当这两种蛋白在酵母的报告株系中（比如 AH109）能够相互作用时，BD 和 AD 就会比较接近，从而可以激活下游的报告基因的表达。这些报告基因有 $ADE2$、$HIS3$、$lacZ$ 和 $MEL1$，从而使酵母能够在氨基酸缺陷的培养基上正常生长。

表 3-4-1　酵母双杂交系统中使用的载体信息 (Yeast protocals handbook, Clontech PT3024-1)

克隆载体	作用	抗原决定簇	酵母选择标记	细菌选择标记
pGBKT7	表达与 GAL4 DNA-BD 融合的蛋白	c-Myc	$TRP1$	卡那霉素
pGADT7-Rec	表达与 GAL4 AD 融合的蛋白	HA	$LEU2$	氨苄青霉素
pGADT7-Rec^b	表达 SV40 T-抗原大片段与 GAL4 AD 的融合蛋白	HA	$LEU2$	氨苄青霉素
pGBKT7-53	表达 p53 与 GAL4 DNA-BD 的融合蛋白	c-Myc	$TRP1$	卡那霉素
pGBKT7-Lam	表达核纤层蛋白 C 与 GAL4 DNA-BD 的融合蛋白	c-Myc	$TRP1$	卡那霉素

【试剂与器材】

一、试剂

1. YPDA 培养基：蛋白胨 10 g/L，酵母提取物 5 g/L，腺嘌呤硫酸盐（Adenine hemisulfate）0.015 g/L，高压灭菌后加入 40% 过滤除菌葡萄糖 50 mL，固体培养加入 2% 琼脂粉。

2. SD 缺陷型培养基：无氨基酸酵母氮源 6.7 g/L，缺陷型氨基酸 0.64 g/L，调 pH 至 5.8，2% 琼脂粉，倒平板前加入 40% 过滤除菌葡萄糖液 50 mL。

3. 10×TE 缓冲液：100 mmol/L Tris-HCl，10 mmol/L EDTA，pH 8.0。

4. 1.1× TE/LiAc 溶液：10× TE 缓冲液 1.1 mL，1 mol/L LiAc 1.1 mL，无菌水 7.8 mL。

5. PEG/LiAc 溶液：10×TE 缓冲液 1 mL，1 mol/L LiAc 1 mL，50% PEG 3350 8 mL。

6. 0.9% NaCl 溶液：NaCl 0.9 g 溶于 100 mL 蒸馏水中，过滤除菌。

7. Z 缓冲液（0.5 L）：$NaH_2PO_4 \cdot 2H_2O$ 3.12 g，$Na_2HPO_4 \cdot 12H_2O$ 10.74 g，KCl 0.37 g，$MgSO_4 \cdot 2H_2O$ 0.12 g，调节 pH 至 7.0。

8. ONPG 溶液：β-半乳糖苷溶解于 Z 缓冲液中，至终浓度为 4 mg/mL。现用现配，可提前 0.5 h 配制。

9. Na_2CO_3 溶液：称取 Na_2CO_3 固体粉末，溶于去离子水中，终浓度 1 mol/L。

10. DMSO，鲑鱼精 DNA，酵母菌株 AH109。

二、器材

电子天平，水浴锅，超净工作台，高速离心机，紫外分光光度计，摇床，磁力搅拌器，恒温培养箱，涡旋振荡器，灭菌离心管（50 mL，1.5 mL），灭菌三角瓶（200 mL，250 mL），无菌培养皿，玻璃涂布器，封口膜。

【实验步骤】

实验步骤根据酵母操作手册（Yeast Protocals Handbook，Clontech PT3024-1）以及文库构建和筛选操作手册（MatchmakerTM Library Construction & Screening Kits User-Manual，Clontech PT3955-1)进行，具体步骤如下：

一、酵母感受态制备

1. 先将 AH109 酵母菌株在 YPDA 平板上划线，置于 30℃ 恒温培养箱中培养，直至单菌落长出，菌落直径为 2~3 mm。

2. 挑单菌落于 3 mL YPDA 液体培养基中 30℃ 240 r/min 摇床培养 8~12 h。

3. 将菌液 5 μL 接种到 50 mL YPDA 培养基中，在 200 mL 的三角瓶中，继续摇床培养，直至 A_{600} 达到 0.15~0.3。

4. 700 g 室温离心 5 min，弃上清液，沉淀用 100 mL 新鲜的 YPDA 液体培养基重悬，在 250 mL 三角瓶中继续培养，直到 A_{600} 到达 0.4~0.5 之间。

5. 菌液 700 g 离心 5 min 后，沉淀用灭菌去离子水重悬，再同样离心，弃上清液。

6. 沉淀用 1.1×TE/LiAc 1.5 mL 重悬，转移到两个灭菌的 1.5 mL 离心管中，高速离心 15 s 后去掉上清液；再重复用 1.1×TE/LiAc 洗一遍；最后分别用 1.1×TE/LiAc 溶液 600 μL 重悬，制备好的酵母感受态可放于冰上。

二、共转化

1. 鲑鱼精 DNA 在 100℃ 加热 10 min 后立即放于冰上。

2. 1.5 mL 离心管中加入如下组分，并混合均匀。

酵母感受态　50 μL

变性的鲑鱼精 DNA(10 μg/μL)　5 μL
待检测蛋白 A-pGBKT7 质粒　500 ng
待检测蛋白 B-pGADT7 质粒　500 ng
PEG/LiAc 溶液　500 μL

3. 上述组分混匀后 30 ℃ 培养 30 min。

4. 加入 DMSO 20 μL,然后放入 42 ℃ 水浴锅中热击 20 min,每 5 min 振荡混匀一次。

5. 高速离心后弃上清液;加入 YPDA 液体培养基 1 mL,30 ℃ 摇床培养 90 min。

6. 高速离心后弃上清液;用 0.9% NaCl 溶液 200 μL 重悬菌体沉淀,将菌液均匀涂在 SD-Leu-Trp 缺乏亮氨酸和色氨酸的平板上。2～3 d 后观察平板上菌落生长情况。

注意:还要设置待检测蛋白 A-pGBKT7 与 pGADT7 空载体、pGBKT7 空载体和待检测蛋白 B-pGADT7 的对照,以防待检测蛋白有自激活活性。

三、转移到四缺培养基

1. 挑二缺平板上的阳性克隆于 10 μL 灭菌去离子水中,吸打混匀。

2. 将菌液 5 μL 点在二缺平板上,剩下的 5 μL 点在四缺平板上。

3. 待菌液完全被培养基吸干后用封口膜封好,放在 30 ℃ 恒温培养箱中培养,一般 48 h 之后再观察四缺板上是否有菌落长出。如果有,则表明检测的两个蛋白有相互作用。

【结果与分析】

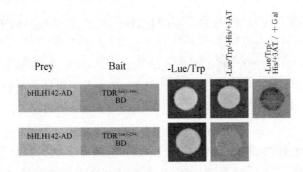

图 3-4-2　实验结果是水稻中的蛋白 bHLH142 和 TDR(部分截断以去除 TDR 蛋白的自激活)以及 bHLH142 与 EAT1(部分截断以去除 EAT1 蛋白的自激活)的酵母双杂交结果

其中 bHLH142 连接在 pGADT7 载体上,TDR 和 EAT1 连接在 pGBKT7 载体上。在 Leu⁻/Trp⁻ 两种氨基酸缺陷平板上转化后的酵母可以正常生长形成菌落,这表明两个载体共同转化进酵母细胞成功。在 Leu⁻/Trp⁻/His⁻/3AT⁺ 三缺平板上 bHLH142 与 TDR(1-344)这对组合的酵母可以生长,而 bHLH142 与 EAT1 这个组合不能生长,表明 bHLH142 与 TDR 有直接的相互作用,而 bHLH142 与 EAT1 不能直接互作。这样可以这样用酵母双杂交的方法检测两个蛋白是否直接互作。

【注意事项】
1. 所有试剂保证无菌,要在超净工作台中进行无菌操作,避免酵母被污染。
2. 最后用 0.9% NaCl 溶液重悬之前,可以先用该溶液洗一次,彻底去除残留的 YPDA 培养基。
3. 所有平板要在超净工作台中吹干,尽量避免平板中残留过多水汽。

【参考文献】
1. Clontech Matchmaker™ Library Construction & Screening Kits User Manual. PT3955-1 (PR742237) Published 20 April 2007.
2. Ko S S, Li M J, Sun-Ben Ku M, et al. 2014. The bHLH142 transcription factor coordinates with TDR1 to modulate the expression of EAT1 and regulate pollen development in rice. Plant Cell, 26(6): 2486—2504.

3-5 凝胶阻滞实验 EMSA

【实验目的】
1. 掌握 EMSA 的原理;
2. 熟悉蛋白与 DNA 相互作用的检测技术。

【实验原理】
生物体内 DNA 转录成 RNA 是基因表达的关键过程,基因表达调控主要发生在转录水平。在转录水平上,基因的转录行为是由顺式作用元件和反式作用因子(即转录因子)相互作用调控的,因此要探讨基因的表达调控规律,分离、鉴定基因的位点控制区(loci control region, LCR)中顺式作用元件和相应转录因子至关重要。近年来,基因分子生物学研究领域的趋势之一是逐渐从基因结构和功能分析转到基因顺式作用元件和转录因子及其转录调控机理上,对基因转录调控的研究将是今后相当长一段时期内功能基因组学研究的热点之一。

对于基因表达调控,必须从三个层次展开:一是分离和鉴定基因 5′端核心启动子等顺式作用元件;二是分离和鉴定与各顺式作用元件相对应的转录因子;三是检测各顺式作用元件与对应转录因子的相互作用。

凝胶阻滞实验或电泳迁移率检测(Electrophoretic Mobility Shift Assay, EMSA)是一种检测蛋白质和 DNA 序列相互结合的技术,它正是对第三个层次进行研究的技术之一,核心功能是验证蛋白质与特定核酸序列的结合特性,从而间接推断已知蛋白质的靶序列或已知序列的结合蛋白分子。

EMSA 最初是用于转录因子与启动子相互作用的验证性实验,也应用于蛋白-DNA、蛋白-RNA 互作研究。其原理主要基于蛋白-探针复合物在凝胶电泳过程中较慢的迁移率。根据实验设计特异性和非特异性探针,当核酸探针与样本蛋白混合孵育时,样本中可以与核酸探针结合的蛋白与探针形成蛋白-探针复合物;这种复合物由于分子较大,在进行聚丙烯酰胺凝胶电泳时导致迁移较慢,而没有结合蛋白的探针的迁移则较快。若孵育的样本在进行聚丙烯酰胺凝胶电泳并转膜后,在膜靠前的位置形成一条带,则说明形成了蛋白-探针复合物,即有蛋白与目标探针发生了相互作用。

EMSA 常用的实验手段有同位素^{32}P 法和非同位素法(化学发光法)。目的 DNA 的长度应小于 300 bp,以有利于非结合探针和蛋白 DNA 复合物的电泳分离。双链的合成寡核苷酸还有限制性酶切片段都可在凝胶迁移实验中用作探针。如目的蛋白已被鉴定,则可应用短的寡核苷酸片段(约为 25 bp),这样结合位点可和其他因子的结合位点区别开。

【试剂与器材】

一、试剂

1. 发光底物。

2. 缓冲液 A~C:

(1) 缓冲液 A:10 mmol/L Hepes(pH 7.9),10 mmol/L KCl,0.1 mmol/L EDTA,1 mmol/L DTT(新配制),0.5 mmol/L PMSF(新配制),4℃保存。

(2) 缓冲液 B:0.5 mol/L EDTA,用 PBS (pH 7.4)溶解,4℃保存。

(3) 缓冲液 C:20 mmol/L Hepes(pH 7.9),0.4 mol/L NaCl,1 mmol/L EDTA,1 mmol/L DTT(新配制),1 mmol/L PMSF(新配制),4℃保存。

3. 缓冲液Ⅰ~Ⅲ:

(1) 缓冲液Ⅰ:0.1 mol/L Tris(pH 7.5),1 mol/L NaCl,2 mmol/L MgCl$_2$,室温保存。

(2) 缓冲液Ⅱ(pH 7.5):100 mmol/L 马来酸,150 mmol/L NaCl,室温保存。

(3) 缓冲液Ⅲ:100 mmol/L Tris(pH 9.5),100 mmol/L NaCl,50 mmol/L MgCl$_2$,室温保存。

4. 封闭缓冲液(储存于 4℃):在缓冲液Ⅰ中加入 0.3%Tween-20,0.3%Triton X-100,5%BSA。

5. 洗脱缓冲液:在缓冲液Ⅱ中加入 0.3%Tween-20。

6. 20×SSC(1L):NaCl 175.3 g,柠檬酸钠 88.2 g,pH 7.0。

7. 10×结合缓冲液(binding buffer):0.1 mol/L Tris (pH 7.5),0.5 mol/L KCl,10 mmol/L DTT,存于-20℃。

8. poly(dI-dC):将 poly(dI-dC)溶于 TE 缓冲液(pH 7.5)中,浓度为 1 mg/mL,保存于

−20℃。

9. SA-HRP：浓度为 1 mg/mL,50%PBS (pH 7.2),50%甘油。储存液存于−20℃,工作液存于 4℃。

10. 5×TBE （5 L）：EDTA 18.612 g,硼酸 139.1175 g,Tris 272.565 g。

11. 5×TdT 反应缓冲液(reaction buffer) (pH 7.2)：0.5 mol/L 甲肺酸钠(sodium cacodylate), 10 mmol/L $CoCl_2$,1 mmol/L TCEP,存于−20℃。

12. Biotin-N_4-CTP: 50 mmol/L Biotin-N_4-CTP,10 mmol/L Tris (pH 7.5),1 mmol/L EDTA,存于−20℃。

13. TEN 缓冲液：10 mmol/L Tris base,1 mmol/L EDTA,50 mmol/L NaCl,pH 8.0。

二、器材

电泳及转膜设备,胶片,洗片机,水浴锅,高速离心机,磁力搅拌器,恒温培养箱,涡旋振荡器等。

【实验步骤】

本实验使用是 Thermo 公司的基于生物素标记系统的试剂盒,所用的探针是由公司合成的 3′端标记生物素的单链脱氧核苷酸。

具体的实验步骤如下：

一、将单链核苷酸退火成双链

1. 将公司合成的单链探针用 TEN 缓冲液溶成 10 μmol/L 母液。取互补的探针以等摩尔比混合,95℃处理 5~10 min。

2. 煮沸约 400 mL 水,将 95℃处理过的双链探针放于沸水中,静置。待沸水冷却至室温(约 25℃)。

3. 退火的探针可冻存于−20℃备用。

二、点膜检测探针的效率

1. 将公司合成的探针,以 1∶10,1∶100,1∶1000,1∶10 000 进行稀释。同时将试剂盒中的探针也以相同的比例进行稀释。

2. 将探针按照对应的顺序点在膜上,紫外交联。

3. 利用发光检测的方法进行 X 射线显影。对比合成的探针与试剂盒中正对照,一般来说,不低于正对照效率 70% 的探针即可使用。

三、EMSA 电泳及后面的发光检测

1. 配制结合反应体系。

(1) 结合反应体系中,根据蛋白和 DNA 的不同,可以选择加入各种成分。总的来说,根据表 3-5-1 示例对反应体系进行调整。

每次结合反应需 1~5 μL 核蛋白（根据核蛋白浓度而定），根据不同的核提取物浓度加入核提取物用量，用 ddH_2O 将终体积调节到 15 μL。

（2）按 1∶1000 稀释探针后，准备反应液混合物（除蛋白和抑制探针外的其他组分）（10×结合缓冲液 2 μL，50％甘油 4.5 μL，dI-dC 0.4 μL，TdT 0.3 μL，EDTA 0.2 μL，1000×探针 1 μL）。

表 3-5-1 EMSA 结合体系配制

成分	最终的量
超纯水	
10×结合缓冲液	1×
1 μg/μL poly (dI-dC)	50 ng/μL
可选项：50％甘油	
可选项：1％ NP-40	
可选项：1 mol/L KCl	
可选项：100 mmol/L $MgCl_2$	
可选项：200 mmol/L EDTA	
未标记靶 DNA(Unlabeled Target DNA)	4 pmol
蛋白提取物(Protein Extract)（e.g. 2~3 μL NE-PER）	取决于体系(system-dependent)
末端生物素标记靶 DNA(Biotin End-Labeled Target DNA)	20 fmol
总体积	20 μL

混匀，室温放置 20~30 min 后可以进行电泳。

（3）备注：

① 探针用量：相当于 10~50 fmoles 的 DNA 探针。

② 蛋白样品用量：一般用量在 2~20 μg（控制在 1~5 μL）蛋白，总体系 15 μL。

③ poly(dI-dC)：它由肌苷和胞嘧啶组成。由于其特定的结构，可抑制蛋白对标记探针的非特异结合，避免假复合物的生成。在凝胶迁移反应中加入 poly(dI-dC)，可抑制粗制核抽提液中其他 DNA 与蛋白结合，比如转录调节因子的非特异结合。当用纯化的蛋白作凝胶迁移反应时，不必加入 poly(dI-dC)，如加入，则普通反应中所用终浓度不超过 50~100 ng。每 2~3 μg 核抽提液用 1 μg poly(dI-dC)。

④ 未标记的竞争性寡核苷酸：作为竞争的探针来说，即没有标记的转录因子的寡核苷酸，用量一般是正常探针的 50~100 倍。

2. 电泳及转膜。

配制非变性的 PAGE 胶（0.5×TBE 体系里），胶的浓度与所使用的探针大小和结合蛋白的大小有关。一般来说，使用 4％~6％的 PAGE 胶。实验中使用的是 6％的 PAGE 胶（表 3-5-2）。

表 3-5-2　EMSA 非变性胶配方

	8%		4%	6%	
	5 mL	10 mL	5 mL	5 mL	10 mL
H_2O	2.9	5.8	3.55	3.2	6.4
30%丙烯酰胺	1.3	2.6	0.65	1	2
5×TBE	0.5	1.0	0.5	0.5	1
50% 甘油	0.25	0.5	0.25	0.25	0.5
AP	0.05	0.1	0.05	0.05	0.1
TEMED	0.003	0.006	0.003	0.003	0.006

按 1∶1000 稀释探针后,准备反应液混合物(除蛋白和抑制探针外的其他组分)(10×结合缓冲液 2 μL,50%甘油 4.5 μL,dI-dC 0.4 μL,dTT 0.3 μL,EDTA 0.2 μL,1000×探针 1 μL)。

3. 电泳的上槽液和下槽液都是 0.5×TBE。电泳前先用 0.5×TBE 冲洗一下胶孔,洗去未凝的胶。在冰浴中,以 100 V 电泳 30～60 min。胶的大小是 8cm×8cm×0.1cm。

4. 在进行完结合反应的 20 μL 体系中,加入 5×结合缓冲液 5 μL。用枪轻轻吹吸混匀。此步中注意一定不能振荡或有剧烈动作。将混好的 25 μL 样品取 18～20 μL 加到上样孔中。开始电泳,一般来说 100V 电压,6%的 PAGE 胶电泳 90～120 min 可以进行下一步转膜,此时溴酚蓝约离胶的底部有 1/3 或 1/4 的距离。

5. 将尼龙膜在 0.5×TBE 中浸泡至少 10 min。然后按照转膜仪器的要求按顺序将膜与胶搭好。注意避免气泡的形成。

6. 380 mA,转膜 30 min,在 0.5×TBE 缓冲液中以冰水混合物形式进行。转膜时特别要小心,避免胶破。注意保持在低温下进行转膜。如使用湿转仪,在冰浴中转膜。

7. 转膜完成后,将与胶接触的面朝上,边缘用纸巾吸去多余的液体,进行紫外交联。使用紫外交联仪,120 mJ/cm²;或者在超净台用紫外灭菌灯照射约 10 min。若完成此过程后不继续进行后续实验,交联过的膜可以在室温存放几天。保存时注意不能再把膜弄湿。

四、利用化学发光法检测生物素标记的 DNA 探针的结果

1. 将封闭缓冲液 和 4× 洗脱缓冲液 在 37～50℃水浴中缓慢加热,至里面的颗粒完全溶解。这两种缓冲液在室温至 50℃都可以使用,只要没有颗粒析出即可。底物平衡缓冲液在 4℃至室温间都可以使用。

2. 使用封闭缓冲液封闭交联后的尼龙膜,在摇床上缓慢摇 15 min。

3. 按照 1∶300 的比例,在新的封闭缓冲液中加入 Stabilized Streptavidin-Horseradish Peroxidase Conjugate。混匀后将尼龙膜放进去,摇床上室温处理 15 min。

4. 准备 1× 洗脱缓冲液。将尼龙膜放进新的干净容器中,简单冲洗一次。然后在摇床上用 1× 洗脱缓冲液洗尼龙膜 4 次,每次 5 min。

5. 将尼龙膜用平衡缓冲液平衡 5 min。

6. 根据膜的大小决定发光反应液（Luminol/Enhancer Solution 和 Stable Peroxide Solution 以 1∶1 混匀）的总体积，将反应液滴在保鲜膜上。将尼龙膜有探针的一面对着发光液放下，使发光反应液均匀分布在膜上。反应液分布均匀后不要再移动膜的位置，静置 5 min。

7. 使用吸水纸吸干多余的反应液，将尼龙膜用新的保鲜膜包好，注意不要有气泡，然后进行 X 射线胶片显影。显影时间可以根据结果的需要进行调整。

【结果与分析】

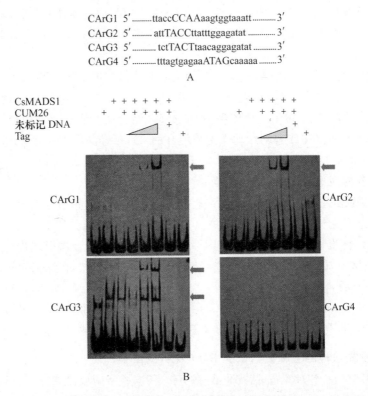

图 3-5-1　EMSA 实验检测 CsMADS1 与 *CsETR1* 启动子上的 CArG box 片段相互作用

(Sun J J, et al, 2016)

A. 实验中所使用的探针序列。大写字母表示核心序列。根据 www.genomatix.de 软件预测。

B. CsMADS1 蛋白和 4 个探针的体外 EMSA 结果。红色箭头所示处为蛋白与探针结合后出现的移动较慢的条带。

【注意事项】

1. 电泳所用的必须是非变性 PAGE 凝胶。
2. 实验过程中应使膜一直处于湿润状态。
3. 一般所用纯化蛋白的量在 20~2000 ng 间，可将蛋白与 DNA 的等摩尔比调整为蛋白的摩尔数是 DNA 的 5 倍。
4. 在 EMSA 反应中加入 poly(dI-C)，可抑制粗制核抽提液中转录调节因子与标记探针的非特异结合。结合溶液中的 poly(dI-dC) 的用量需在正式实验前进行优化，一般用量大约在 0.05mg/mL。
5. 当带型不紧密，出现拖尾时，表明复合物存在解离。凝胶必须完全聚合，以避免带型拖尾。如复合物不进入凝胶，则表明所用的蛋白或探针过量，或盐的浓度过量，不适用于 EMSA 反应。在含抽提液的带中不含游离探针或复合物，但只含探针的带中有探针，表明抽提物有核酸酶或磷酸酶污染，应在抽提液中和结合反应中加入相应的抑制剂。
6. 大多数蛋白用 10~15 V 的电压，解离快的蛋白用短时间和高的电压(30~35 V 的电压)，电泳时所用的 TBE 和 TAE 必须是新配制的，无沉淀。

【参考文献】

1. Hellman L M, Fried M. 2007. Electrophoretic mobility shift assay（EMSA）for protein-nucleic acid interaction. Nat Protoc, 2(8)：1849—1861.
2. 孙进京. 2012. 黄瓜雌花雄蕊滞育过程中乙烯受体 CsETR1 调控机制研究. 北京：北京大学生命科学学院.
3. 陈智山. 2016. 水稻雄蕊绒毡层分化基因 *OsTGA10* 的发现与功能研究. 北京：北京大学生命科学学院.
4. Sun J J, Li F, Wang D H, et al. 2016. CsAP3：A cucumber homolog to *Arabidopsis APETALA3* with novel characteristics. Front Plant Sci, 7：1181. doi：10.3389/fpls.01181.

3-6 双分子荧光互补技术*

【实验目的】

1. 掌握双分子荧光互补技术；
2. 学会判断目标蛋白在活细胞中的定位和相互作用的方法。

【实验原理】

双分子荧光互补技术(BiFC, bimolecular fluorescence complementation)是由 Hu 等在 2002 年最先报道的一种直观、快速地判断目标蛋白在活细胞中的位置和相互作用的新技术。有报道称，在 GFP 的两个 β 片层之间的环结构(loop)上有许多特异位点，可以插入外源蛋白而不影响 GFP 的荧光活性，BiFC 技术正是利用该荧光蛋白家族的这一特性，将某些特定的位点切开，形成不发荧光的 N 和 C 端两个多肽，称为 N 片段(N-fragment)和 C 片段(C-fragment)。这两个片段在细胞内共表达或体外混合时，不能自发地组装成完整的荧光蛋白，在该荧光蛋白的激发光激发时不能产生荧光。将两个不具有荧光活性的分子片段分别与目标蛋白连接，如果两个目标蛋白因为有相互作用而接近，就使得荧光蛋白的两个分子片段在空间上相互靠近，重新形成活性的荧光基团而发出荧光。在荧光显微镜下，就能直接观察到两个目标蛋白是否具有相互作用，并且在最接近活细胞生理状态的条件下观察到其相互作用发生的时间、位置、强弱，所形成蛋白复合物的稳定性，以及细胞信号分子对其相互作用的影响等，这些信息对研究蛋白质相互作用有重要意义。该技术巧妙地将荧光蛋白分子的两个互补片段分别与目标蛋白融合表达，如果荧光蛋白活性恢复则表明两目标蛋白发生了相互作用。

其后发展出的多色荧光互补技术(multicolor BiFC)，不仅能同时检测到多种蛋白质复合体的形成，还能够对不同蛋白质间产生相互作用的强弱进行比较。这项技术不需要特殊的设备，相互作用的蛋白也不需要特别的理论配比。因此，BiFC 技术已被国际上众多实验室采用，证明在活细胞内蛋白质的相互作用。

BiFC 技术具有以下几个特点，使其对于研究蛋白质相互作用具有独特的优势：①能在显微镜下直接观察到蛋白相互作用而且不依赖于其他次级效应；②该相互作用可以在活细胞中进行观察，排除了由于细胞裂解或固定可能带来的假阳性结果；③蛋白质在近似生理条件的环境下表达，表达水平及特性(如翻译后修饰)极大地接近于内源蛋白；④不需要蛋白质有特别的理论配比，能检测到不同亚群蛋白质间的相互作用；⑤多色 BiFC 技术不仅能同时检测到多种蛋白质复合体的形成，还能够对不同蛋白质间产生相互作用的强弱进行比较；

---

* 感谢北大李文阳博士提供具体实验流程。

⑥BiFC 技术除了需要荧光倒置显微镜外,不要求特殊的设备。

【试剂与器材】

一、试剂

1. 母液：

(1) 1 mol/L $CaCl_2$。

(2) 3 mol/L NaCl。

(3) 1 mol/L $MgCl_2$。

(4) 0.1 mol/L KCl。

(5) 0.8 mol/L 甘露醇(mannitol)。

(6) 0.1 mol/L 葡萄糖。

(7) 0.1 mol/L MES,pH 5.7(以 KOH 滴定)。

2. 酶解液(enzyme solution)(新鲜配制)。

成分	工作浓度	储备液浓度	添加量
纤维素(cellulose)R10	1.5%		0.25 g
离析酶(macerozyme) R10	0.4%		0.06 g
甘露醇	0.4 mol/L	0.8 mol/L	10 mL
KCl	20 mmol/L	0.1 mol/L	4 mL
MES	20 mmol/L	0.1 mol/L	4 mL
55℃ 处理 10 min,然后冷却到室温			
$CaCl_2$	10 mmol/L	1 mol/L	200 μL
BSA	0.1%	100%	0.02 g
H_2O			2 mL
总体积			20 mL

3. W5 溶液(200 mL)(新鲜配制)。

成分	工作浓度/(mmol/L)	储备液浓度/(mol/L)	添加量/mL
NaCl	154	3	10.3
$CaCl_2$	125	1	25
KCl	5	0.1	10
MES	2	0.1	4
葡萄糖	5	0.1	10
用 H_2O 补足 200 mL			

4. PEG 溶液(40%,体积分数)10 mL(新鲜配制)。

成分	工作浓度	储备液浓度	添加量
PEG 4000		40%	4 g
甘露醇	0.8 mol/L	0.2 mol/L	2.5 mL
$CaCl_2$	1 mol/L	0.1 mol/L	1 mL
H_2O			3 mL
总体积			10 mL

5. MMG 溶液(新鲜配制)。

成分	工作浓度	储备液浓度	添加量
甘露醇	0.4 mol/L	0.8 mol/L	50 mL
$MgCl_2$	15 mmol/L	1 mol/L	1.5 mL
MES	4 mmol/L	0.1 mol/L	4 mL
用 H_2O 补足 100 mL			

6. 农杆菌烟草叶片侵染液:葡萄糖 5 g,$MgCl_2$ 2.033 g,MES 2.132 g,加 ddH_2O 至 1L。调 pH 至 5.7,于 4℃保存。用之前加乙酰丁香酮至终浓度 150 μmol/L。

7. 1.5 mmol/L 乙酰丁香酮母液:乙酰丁香酮 0.295 g,DMSO 1 mL。

8. 注射缓冲液(100 mL):0.1 mol/L MES(pH 5.7) 10 mL,1 mol/L $MgCl_2$ 1 mL,AS(乙酰丁香酮)终浓度 150 μmol/L。

二、器材

EP 管,离心机,移液器,超净工作台,高压灭菌锅,恒温摇床,紫外/可见分光光度计,PCR 扩增仪,电泳仪及水平电泳槽,光照培养箱,凝胶成像仪等,孔板式发光检测仪(Centro XS3 LB 960),烧杯,镊子,PE 手套,荧光显微镜。

【实验步骤】

实验分为两步,简略如下:

(1) 将目的基因插入到含有 N 片段或 C 片段的载体中,构建成融合蛋白表达载体。

(2) 转染原生质体细胞或者烟草,在微孔板式发光检测仪(Centro XS3 LB 960)或者荧光显微镜下观察是否有相互作用。

下文分别介绍利用微孔板检测仪和荧光显微镜来考察蛋白质相互作用的方法。

一、利用微孔板式发光检测仪(Centro XS3 LB 960)检测转染原生质体细胞

1. 质粒大提和纯化。

质粒浓度要求>1 μg/μL,一般为 2~3 μg/μL 为宜,主要就是加入总量 15 μg 的质粒的

体积不宜过大,比如不能超过 10 μL。质粒大提方法参照试剂公司试剂盒自带方法,用试剂盒除去内毒素。

2. 原生质体转化。

植物准备:材料选取 3~5 周大,尽量选择未抽薹的拟南芥,选取第 5 或第 6 片叶子(表皮毛越少越好),准备 20 片叶子,切成丝状。或者材料选取 10 天生长在皿内的苗,扒下放入干净皿中;加入一点酶解液,用刀片剁成丝。

(1) 将上述叶片移入 20 mL 酶解液中,在摇床上酶解(22 ℃,避光,40 r/min,4~5 h)。

(2) 过 200 目尼龙膜,注意倾斜离心管,使液体不垂直落下,防止原生质体摔破。

(3) 室温离心(100 g,5 min,缓慢离心,注意减速要慢;用吊篮式转子,使材料离心到管底,易于漂洗)。期间配制 PEG 和 MMG 溶液。

(4) 小心弃上清液,用 W5 溶液 10 mL 洗一次。

(5) 离心(100 g,3 min),期间准备扩口枪头若干;小心弃上清液,用 W5 溶液 10 mL 洗一次,4 ℃放置 30 min。

(6) 离心(100 g,3 min),期间准备质粒,放入 2 mL 圆底管(30 μg,约 20 μL。若加入两种质粒,则每种 15 μg,若已备质粒较少,质粒总量为 20 μg 也可以实现成功转化);弃上清液,用 MMG 1 mL 重悬,至细胞浓度为(2~5)×10^5 个细胞/mL。

(7) 加入 200 μL 原生质体,轻轻混匀。

(8) 立即加入 PEG 溶液 220 μL,轻轻混匀,静置 10 min。

(9) 加入 W5 溶液 1200 μL 溶液,轻轻混匀终止转化。

(10) 离心(室温,100 g,2 min);弃上清液,加入 W5 溶液 100 μL 重悬原生质体,然后再加入 W5 溶液 900 μL 至总体积为 1 mL。

(11) 23°弱光处理 16 h 后即可观察荧光,或者对细胞处理并进行后续实验。

3. Split Luc assay。

(1) 取 luciferin 10 μL(10 mmol/L),加入到 96 孔白色酶标板中,注意加到底部。

(2) 原生质体室温 100 g 离心 2 min,弃上清液。若只上样一次,剩 100 μL 即可;若需重复上样一次,则需剩 200 μL,分装至 96 孔白色酶标板,每孔 90 μL,用移液器边加入边缓慢搅动。

(3) 将 96 孔板放置在微孔板式发光检测仪(Centro XS3 LB 960)内,按照说明读数即可。

二、利用荧光显微镜观察转染烟草叶片

1. 将目的基因分别构建到 pSPYCE-35S 和 pSPYNE-35S 载体中,并将构建正确的阳性质粒转化到农杆菌中。

用 1 mL 培养基活化含有目标 DNA 的农杆菌菌株:将菌株接种于质粒抗性+庆大霉素+利福平的 LB 培养基中,28 ℃,220 r/min 培养过夜。

2. 按 1∶1000 比例取活化菌液,转接至 10 mL 质粒抗性+庆大霉素+利福平培养基中,28℃,220 r/min 培养过夜,使 $A_{600}>0.5$。

3. 将菌液转移至离心管中,4000 r/min,室温离心 6 min,弃上清液,用注射缓冲液清洗一次,以去除抗生素。

4. 用 10 mL 新的注射缓冲液重悬菌体,测 A_{600},然后将菌液稀释到 $A_{600}=0.5$,所需菌液量计算公式为

$$需要的菌量 = \frac{0.5 \times 需要的菌液体积}{重悬菌体的 A_{600}}$$

将调好吸光值的菌液置于暗中,室温静止 3 h。

5. 选取生长状态良好的培养 4 周的成熟烟草叶片,用注射器从叶片背面将菌液注射入叶片中,做好标记。

6. 将烟草移至光线较弱的地方恢复生长 12 h,然后再将烟草置于正常条件下生长。注射后 48 h 即可取烟草叶片进行荧光观察、蛋白提取等实验。如果需要注射第二次,则第一次注射后 24 h 即可进行。

【结果与分析】

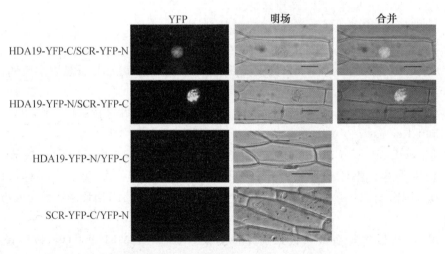

图 3-6-1 **BiFC 验证 HDA19 和 SCR 蛋白之间的相互作用**(陈文倩,2012)
分别在 488 nm 激发光和明场下观察洋葱表皮细胞,然后将两图合并(标尺:50 μm)。

【注意事项】

1. 荧光片段和目标蛋白质之间最好加 1 个连接肽,以避免蛋白质空间位阻所导致的片段间不能相互靠近。常用的连接肽氨基酸序列有 RSIAT,RPACKIPNDLKQKVMNH 和

GGGGS 等。

2. 温度对片段间互补影响很大,可以有两种解决方案。一是在室温或低于室温(≤25℃)下培养细菌或细胞,二是在生理条件下培养细菌或细胞,使融合蛋白正常表达,然后将培养物低温处理 1~2 h 或接着于室温培养 1 d。

3. 建立阴性对照,以便更加明确 BiFC 信号反映的是蛋白质之间的相互作用。阴性对照通常是将相互作用的蛋白进行突变,降低或缺失其相互作用能力,再采用相同策略的 BiFC 系统检测。

【参考文献】

1. Wong K A, O'Bryan J P. 2011. Bimolecular Fluorescence Complementation. J Vis Exp,(50),e2643,doi:10.3791/2643.

2. Kerppola T K. 2006. Visualization of molecular interactions by fluorescence complementation. Nat Rev Mol Cell Biol,7:449—456.

3. Shyu Y J, Liu H, Deng X, Hu C D. 2006. Identification of new fluorescent protein fragments for bimolecular fluorescence complementation analysis under physiological conditions. Biotechniques,40:61—66.

4. 陈文倩. 2012. 拟南芥组蛋白去乙酰化酶 HDA 19 调控根表皮细胞分化模式的机制研究. 北京:北京大学生命科学学院.

3-7 Co-IP 检测体内蛋白相互作用

【实验目的】

1. 掌握免疫共沉淀技术;
2. 熟悉检测体内两种蛋白相互作用的方法。

【实验原理】

免疫共沉淀(co-immunoprecipitation)是以抗体和抗原之间的特异免疫反应为基础,研究蛋白质与蛋白质间相互作用的经典方法。目前多用 protein A/G 预先结合在琼脂糖微球上,使之与含有抗原的溶液及抗体反应后,微球上的 protein A/G 就能达到吸附抗原的目的。通过低速离心,可以从含有目的抗原的溶液中将目的抗原与其他抗原分离。

免疫共沉淀的目的是通过抗体和目的蛋白的相互作用捕获目的蛋白复合物,最终检测目的蛋白复合物中各成分之间的相互作用。

其原理是:当细胞在非变性条件下被裂解时,完整细胞内存在的许多蛋白质-蛋白质间的相互作用被保留了下来。当向细胞裂解液中加入抗原特异性的抗体,抗体、抗原以及与抗原具有相互作用的蛋白质通过抗原与抗体之间免疫沉淀反应将形成免疫复合物,经过纯化、洗脱、收集免疫复合物,SDS-PAGE 电泳,Western 杂交和(或)质谱可鉴定出与抗原相互作用的蛋白质。

【试剂与器材】

一、试剂

1. 裂解(lysis)缓冲液:50 mmol/L Tris-HCl(pH 7.5),150 mmol/L NaCl,1 mmol/L EDTA,0.25% Triton X-100 (25 μL/ 10 mL),1 mmol/L PMSF,Cocktail (50×,200 μL)。
2. TBS:50 mmol/L Tris-HCL(pH 7.5),150 mmol/L NaCl。
3. ANTI-FLAG M2 Affinity Gel,ANTI-Flag 抗体,ANTI-MYC 抗体。

二、器材

电钻或研钵,水浴锅,电泳及转膜设备,胶片,洗片机。

【实验步骤】

以 EIN3-FLAG 和 RGA-MYC 的 Co-IP 为例:

1. 生长 1 周的 RGA-MYC EIN3-FLAG RGA-MYC×EIN3-FLAG F1 植物用 100 μmol/L ACC 加 50 μmol/L MG132 处理 4 h,收集材料 0.5 g 用液氮充分研磨,加入裂解缓冲液 1 mL,冰浴放置 5 min。9000 g 离心 5 min,取上清液转移至新管;再次 12 000 g 离心 5 min,上清液转移至新管。

2. 加入少量 Protein A (Sigma),4℃孵育 10 min,12 000 g 离心 2 min,取上清液,转移至新管,Bradford 方法测定蛋白浓度。

3. 彻底混匀 ANTI-FLAG M2 Affinity Gel,按每个反应 40 μL 悬浮液取胶。

4. 5000～8200 g,离心 30 s,静置 1～2 min 后,用吸头吸掉上清液(必要时用注射器吸);用 1.5 mL TBS 洗胶两次,确保吸掉大部分液体(多个免疫反应可把胶合在一起洗)。

5. 在洗过的树脂中加 1.5～2.0 mg 植物总蛋白,加裂解缓冲液至最后体系为 1 mL。注意,以裂解缓冲液+树脂作为负对照。

6. 旋转反应 2～4 h。

7. 5000～8200 g 离心 30 s,去上清液;用 0.5 mL TBS 洗 3 次。

8. 加入 1×SDS 上样缓冲液 60 μL,100℃煮 10 min。16 000 g 室温离心 15 min。取样品 20 μL 用于 Western 杂交检测。另取 20 μg 植物总蛋白做 Input 对照。

【结果与分析】

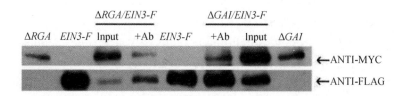

图 3-7-1　Co-IP 实验指示 *RGA/GAI* 与 *EIN3* 在体内相互作用

EIN3-LAG/EIN3 EIL1（*EIN3-F*）与 35S：*TAP-RGA*Δ17（Δ*RGA*）或者 35S：*TAP-GAI*Δ17（Δ*GAI*）杂交，其 F1 植物用作 Co-IP 实验。蛋白用 ANTI-FLAG M2 琼脂糖微球（+Ab）免疫沉淀后，用 ANTI-MYC 或者 ANTI-FLAG 抗体检测。图中结果表明，*EIN3* 能够与 *RGA* 和 *GAI* 有效地共沉淀。

【注意事项】

1. 免疫沉淀实验中的关键因素是抗体的选择以及裂解缓冲液中的配方。

2. 在用 Co-IP 的方法检测两个蛋白的相互作用时，所用材料最好有不含所要 Co-IP 的蛋白作对照（例如图 3-7-1 中一种材料仅含 *EIN3-flag*，而不含所要 Co-IP 的 Δ*RGA* 或者 Δ*GAI*），同时要检测一个非互作蛋白（见图 3-7-2 中的 RPN6）是否存在来证明 Co-IP 体系的可靠性。

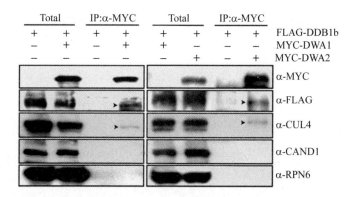

图 3-7-2　Co-IP 检测 DWA1 和 DWA2 与各种蛋白的相互作用

过量表达了 FLAG 标签的 DDB1b 和（或）MYC 标签的 DWA1 或 DWA2 被用于 Co-IP 实验来检测 DWA 蛋白与其他蛋白的相互作用。ANTI-RPN6 被用作内参对照。箭头指示 FLAG-DDB1 和 CUL4 的位置。图中结果表明 DWA 1/2 能够有效地与 CUL4 和 DDB16 共沉淀，而不能与抑制 CULLIN-based E3 连接酶活性的 CAND1 共沉淀，证明了 DWA 1/2 是 CUL4 E3 复合体的组合。（Lee J H，et al，2010）

【参考文献】

1. Phizicky E M, Fields S. 1995. Protein-protein interactions: Methods for detection and analysis. Microbiol Rev, 59, 94—123.

2. Golemis E. 2002. Protein-protein interactions : A molecular cloning manual. Cold Spring Harbor, NY: Cold Spring Harbor Laboratory Press, ix: 682.

3. Lee J H, Yoon H J, Terzaghi W, et al. 2010. DWA1 and DWA2, two *Arabidopsis* DWD protein components of CUL4-based E3 ligases, act together as negative regulators in ABA signal transduction. Plant Cell, 22(6): 1716—1732.

4. An F, Zhang X, Zhu Z, et al. 2012. Coordinated regulation of apical hook development by gibberellins and ethylene in etiolated *Arabidopsis* seedlings. Cell Res, 22: 915—927.

第四章 转基因植株及突变体植株的指标检测

4-1 T-DNA 插入突变体基因型的鉴定方法

【实验目的】

掌握 T-DNA 插入突变体中纯合体和杂合体的鉴定方法。

【实验原理】

Ti 质粒是土壤农杆菌的天然质粒,质粒上有一段特殊的 DNA 区段,当农杆菌侵染植物细胞时,该 DNA 区段能自发转移,插入植物染色体 DNA 中,Ti 质粒上的这一段能转移的 DNA 被叫作 T-DNA。根据这一现象,将 Ti 质粒进行改造,将感兴趣的基因放进 T-DNA 区段中,可通过农杆菌侵染植物细胞,实现外源基因对植物的遗传转化。T-DNA 插入到植物染色体上的位置是随机的。如果 T-DNA 插入某个功能基因的内部,特别是插入到外显子区,将造成基因功能的丧失。利用农杆菌 Ti 质粒转化植物细胞,是获得植物突变体的一种重要方法。

农杆菌 Ti 质粒转化植物细胞后,在获得的后代分离群体中,有 T-DNA 插入的纯合突变体、杂合突变体和野生型。在突变体研究中,需要的材料是纯合突变体,所以必须从分离群体中将纯合突变体鉴定出来。

利用三引物法可鉴定 T-DNA 插入突变体。三引物法的原理图 4-1-1 所示:采用三引物(LP、RP、BP)进行 PCR 扩增,野生型植株目的基因的两条染色体上均未发生 T-DNA 插入,所以其 PCR 产物仅有 1 种,分子大小约 900 bp(即从 LP 到 RP);纯合突变体植株目的基因的两条染色体上均发生 T-DNA 插入,T-DNA 本身的长度约为 25 kb,过长的模板会阻止目的基因特异扩增产物的形成,所以也只能得到一种以 BP 与 LP 或 RP 为引物进行扩增的产物,分子大小为 560~860 bp;杂合突变体植株只在目的基因的一条染色体上发生了 T-DNA 插入,所以 PCR 扩增后可同时得到两种产物。上述三种情况的电泳结果差异明显,能有效区分不同基因型的植株。此法优点是可同时鉴定出纯合突变体并确证 T-DNA 的插入情况。双引物法的基本原理与三引物法相似,只是需要急性两轮 PCR 扩增。一组以基因组 DNA 特异引物 LP 和 RP 扩增目的基因片段;另一组以 T-DNA 的特异引物 BP 与 LP 或 RP 组成一对引物,扩增目的基因 T-DNA 插入片段。

筛选 T-DNA 突变体植株纯合体(HM)的 PCR 原理可以用图 4-1-1 表示。

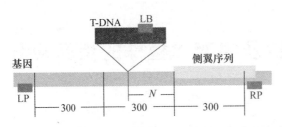 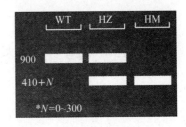

图 4-1-1　SALK 及 CS 系列 T-DNA 插入突变体的插入位点检测示意图

N：在实际插入位点和在插入位点一侧还原出的序列之间的间隔，通常有 0～300 bp；LP：插入点左侧（5'端），和基因组相匹配的引物；RP：插入点右侧（3'端），和基因组相匹配的引物；LB：插入 T-DNA 左端的引物。

检测 SALK 突变体植株时，用提取的基因组分别进行 LP+RP 和 LB+RP 两对引物的 PCR 反应，根据 PCR 的产物情况来判断此植株是野生型（WT）、杂合体（HZ），还是纯合体（HM），如图 4-1-1，表 4-1-1。

表 4-1-1　以 LBa1 为例：PCR 法筛选纯合体（HM）

引物	LP+RP	LBa1+RP
产物大小	约 900 bp	410+N
WT	有条带	无条带
HZ	有条带	有条带
HM	无条带	有条带

【试剂与器材】

一、试剂

液氮，DNA 提取液，PCR 反应混合物，ddH_2O，三种引物，琼脂糖，TAE 缓冲液，EB 染液。

二、器材

EP 管，离心机，移液器，超净工作台，高压灭菌锅，恒温摇床，紫外/可见分光光度计，PCR 扩增仪，电泳仪及水平电泳槽，光照培养箱，凝胶成像仪等。

【实验步骤】

1. 用于鉴定纯合体的引物序列均由 http://signal.salk.edu/tdnaprimers.html 网页上 T-DNA Primer Design 提供。根据所购买的 SALK 突变体编号，将编号输入突变体网站 http://signal.salk.edu/tdnaprimers.html，利用 T-DNA Primer Design 设计突变体鉴定引物 LP、RP、LB(LB 引物有多种)。LP 和 RP 引物分别位于 T-DNA 插入位点的上、下游，LB

位于 T-DNA 序列上。

2. 采用博迈德广谱植物基因组提取试剂盒(DL116-1)来提取需要鉴定的突变体的基因组,同时用野生型作为对照,具体流程参照试剂盒说明书。

3. 以提取的基因组为模板,分别用 LP+RP,RP+LB 为引物,进行 PCR,若为野生型,只有 LP+RP 能得到 PCR 条带;若为突变纯合体,只有 RP+LB 能得到 PCR 条带;若是两种均得到条带,则为杂合体。此步需要对照野生型结果才能判断。PCR 扩增反应体系采用全式金 2×Easy taq mix,具体反应体系参照说明书。

4. 将 PCR 小管放入 PCR 仪中,进行 PCR 扩增,其循环参数为:94℃ 5 min,94℃ 30 s,58℃ 30 s,72℃ 1 min,39 次循环,72℃ 7min。PCR 结束以后,将样品拿出,检查管子上的株号是否清晰,可于 −20℃ 保存,或者直接进行琼脂糖凝胶电泳检查结果。

5. 琼脂糖凝胶电泳检测扩增结果。

【结果与分析】

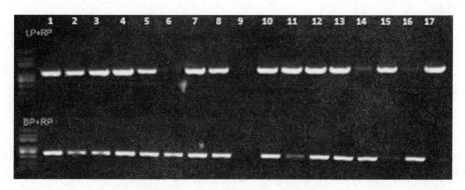

图 4-1-2　突变体基因型鉴定电泳图

其中:6、14、16 为纯合体,17 为野生型,其余 13 株为杂合体

【注意事项】

EB 是强致癌物质,进行 EB 染色时,戴上手套,注意脱去手套时不要让 EB 沾到手上。

【参考文献】

1. 陈美琴.2011.拟南芥 *AtNMD3* 基因功能研究.北京:北京大学生命科学学院.
2. 王凤华,李光远.2007.T-DNA 插入突变及其研究进展.河南农业科学,06:12—14.

4-2　PEG 介导的拟南芥和水稻叶肉细胞原生质体转化

【实验目的】

掌握拟南芥和水稻的原生质体制备转化操作流程。

【实验原理】

在进行植物转基因或者检测基因表达的亚细胞定位以及进行蛋白互作的检测工作中，经常会用植物原生质体来进行转化。在研究过程中一般利用纤维素酶和果胶酶来消化细胞壁，通过质壁分离去掉细胞壁的裸露部分来获得植物细胞的原生质体。原生质体分离转化后，在适当的培养基上应用合适的培养方法，能够再生细胞壁，并启动细胞持续分裂，直至形成细胞团，长成愈伤组织或胚状体，再分化发育成苗，因此原生质体是进行遗传操作、基因转移的好材料。

许多化学、物理学和生物学方法可诱导原生质体融合，现在被广泛采用并证明行之有效的融合方法是聚乙二醇（PEG）法。

聚乙二醇（polyethylene glycol，PEG）是一种水溶性的化学渗透剂，相对分子质量为 1500～6000，pH 为 4.6～6.5，因多聚程度不同而异。PEG 法的原理是它可使细胞膜之间或使 DNA 与膜形成分子桥，促使相互间的接触和粘连，并可通过改变细胞膜表面的电荷，引起细胞膜透性的改变，从而诱导原生质体摄取外源基因 DNA。

在 PEG 转化过程中，常需加入磷酸钙，这是因为磷酸钙可与 DNA 结合形成 DNA-磷酸钙复合物而使 DNA 沉积在原生质体的膜表面，并促进细胞发生内吞作用。此外，高 pH 可诱导外源 DNA 分子的摄取。因此，PEG 转化时常将溶液的 pH 调到 8.0 左右。

PEG 转化的基本步骤包括：①外源目的基因的制备；②原生质体制备；③目的基因和原生质体的转化培养；④转化体的鉴定及再生植物培养。

PEG 转化法的优点包括：操作简单、成本低、无须昂贵的基因转化仪器；所得到的转化体中，嵌合体很少；受体植物不受种类的限制，对已建立了原生质体再生体系的植物都可采用；结果比较稳定，重复性好。但由于建立作物原生质体再生系统较为困难，加之 PEG 转化法对原生质体活力的有害作用，使原生质体的转化率低，一般在 10^{-5}～10^{-3} 之间。将 PEG 转化法与电击法、脂质体法和激光微束法等技术结合使用，可使转化率大大提高。

---

* 感谢北大李文阳博士提供具体实验流程。

【试剂与器材】

一、试剂

1. 母液：

(1) 1 mol/L $CaCl_2$。

(2) 3 mol/L NaCl。

(3) 1 mol/L $MgCl_2$。

(4) 0.1 mol/L KCl。

(5) 0.8 mol/L 甘露醇(mannitol)。

(6) 0.1 mol/L 葡萄糖。

(7) 0.1 mol/L MES,pH 5.7 (以 KOH 滴定)。(本实验所有试剂同实验 3-6,此处简化一些)

2. 工作液。

(1) 酶解液(enzyme solution)(新鲜配制)：

成分	工作浓度	储备液浓度	添加量
纤维素(cellulose)R10	1.5%		0.25 g
离析酶(macerozyme) R10	0.4%		0.06 g
甘露醇	0.4 mol/L	0.8 mol/L	10 mL
KCl	20 mmol/L	0.1 mol/L	4 mL
MES	20 mmol/L	0.1 mol/L	4 mL
55℃ 处理 10 min,然后冷却到室温			
$CaCl_2$	10 mmol/L	1 mol/L	200 μL
BSA	0.1%	100%	0.02 g
H_2O			2 mL
总体积			20 mL

(2) W5 溶液 (200 mL)(新鲜配制)：

成分	工作浓度/(mmol/L)	储备液浓度/(mol/L)	添加量/mL
NaCl	154	3	10.3
$CaCl_2$	125	1	25
KCl	5	0.1	10
MES	2	0.1	4
葡萄糖	5	0.1	10
用 H_2O 补足 200 mL			

(3) PEG 溶液(40%,体积分数)(新鲜配制):

成分	工作浓度	储备液浓度	添加量
PEG 4000		40%	4 g
甘露醇	0.8 mol/L	0.2 mol/L	2.5 mL
$CaCl_2$	1 mol/L	0.1 mol/L	1 mL
H_2O			3 mL
总体积		10 mL	

(4) MMG 溶液(新鲜配制):

成分	工作浓度	储备液浓度/(mol/L)	添加量/mL
甘露醇	0.4 mol/L	0.8	50
$MgCl_2$	15 mmol/L	1	1.5
MES	4 mmol/L	0.1	4
用 H_2O 补足 100 mL			

二、器材

三角瓶,烧杯,200 目滤网,解剖刀,长、短镊子,培养皿,滤纸,0.2 μm 滤膜,滤器,培养瓶,高压灭菌锅,倒置显微镜,超静工作台,EP 管,移液器,显微镜,离心机,离心管,载片,盖片等。

【实验步骤】

一、拟南芥叶肉细胞原生质体的制备

1. 取短日照培养条件下生长 3~4 周、开花前展开良好的叶片(第二、三、四对莲座,表皮毛越少越好),用新的刀片沿纵轴切成 0.5~1 mm 宽的条,越细越好。切割时滴加少许 0.2 mol/L MES 溶液防干,中脉附近的组织切去不要。

2. 用一个小烧杯装 5 mL 酶解液,将切好的叶片放到酶解液中,一般 16 个叶片足够制备 10 个样品。用封口膜封好,扎几个小孔透气。在黑暗中 24℃ 消化 2~3 h,其间不要摇动。轻轻摇动烧杯,酶液由透明的浅棕色变成绿色,表明原生质体已经解离并释放。取少量在显微镜下观察,并用台盼蓝染色检测存活率。(此时可配制 PEG4000 溶液,200 和 1000 μL 吸头去尖,使操作时吸打缓和;此时预冷一定量 W5 溶液。)

3. 用 35~75 μm 孔径的尼龙网过滤酶液,去除叶片碎渣。

4. 100 g 离心 1~2 min 沉淀原生质体;用吸头吸去上清液。

5. 用 W5 溶液 1 mL 洗沉淀一次,重悬后 100 g 离心 1 min,弃上清液,仍用 W5 溶液重悬,使原生质体密度为 $(1～2)×10^5$/mL。原生质体在冰上可至少保存 24 h,但停留时间过久则细胞有可能处于不正常的生理状态。显微镜下检查溶液中的原生质体,拟南芥叶肉原生质体大小为 30~50 μm。

二、PEG 介导的拟南芥叶肉细胞原生质体转化

1. 将新制备的、用 W5 溶液重悬的叶肉细胞原生质体冰浴 30 min，100 g 离心 1 min，弃上清液，用 MMG 溶液重悬，原生质体密度 $(1\sim2)\times10^5$/mL。

（以下转化步骤均在 23℃条件下进行。）

2. 向新离心管中加入浓度为 1~2 μg/μL 的质粒 DNA 10 μL。加入原生质体 100 μL，混匀。

3. 加入 PEG 4000-Ca^{2+} 溶液 110 μL，轻轻混匀；23℃温育 30 min。

4. 分 5 次滴加 0.44 mL（40，100，100，100，100 μL）W5 溶液稀释，每次滴加后都轻轻混匀。

5. 100 g 离心 1 min，去掉 PEG。

6. 用 W5 溶液 1 mL 洗 1~2 次，最后重悬在 1 mL W5 溶液中，24℃避光静止培养 16 h。激光共聚焦显微镜下观察 GFP 标签表达。培养用容器最好预先用 BSA 润洗封闭，防止原生质体沾在容器壁上。

三、水稻原生质体制备转化[①]

1. 准备水稻材料：将露白的水稻种子（中花 11）整齐播种在营养土（营养土：蛭石＝1:1）中，温室生长 14~21 d。制备一次原生质体需要 50~60 棵水稻幼苗，可用于 5~8 个质粒转化。

2. 质粒准备：原生质体转化对质粒质量要求高，使用 Qiagen 质粒大提试剂盒提取质粒。一次提取 100 mL 菌液。最后将质粒稀释到 2 μg/μL，一次原生质体转化需要 5~10 μg 质粒。

3. 预先配制 0.6 mol/L D-甘露醇溶液 100 mL。

4. 将合适的水稻苗从茎基部截断，用双面刀片快速地切成 0.5 mm 薄片，只切茎部。将切好的材料迅速转移至 0.6 mol/L D-甘露醇溶液中，常温下 60~80 r/min 培养 30 min。

5. 用 Miracloth 过滤后，将材料转移入含有酶解液的三角瓶中，用锡箔纸包住避光，28℃，60~80 r/min，4~5 h。

6. 加入等体积的 W5 溶液，用力摇晃 15 s，充分释放原生质体。

7. 用 W5 溶液冲洗灭菌锅的网筛（35 μm，100 目），让上一步获取的原生质体通过网筛，过滤至新的三角瓶中，再用少量 W5 溶液冲洗网筛，充分洗脱原生质体至三角瓶中。

8. 将三角瓶中原生质体分装至 2 个透明的 50 mL 离心管中，水平转子 450 g 离心 3 min（注意：调整升降速为 3 级），小心去上清液。

[①] 本方法来自 Sheen, J. 2002, A transient expression assay using *Arabidopsis* mesophyll protoplasts. http://genetics.mgh.harvard.edu/sheenweb/. 实验中做了一些改进。

9. 加入 W5 溶液 15 mL 重悬原生质体,450 g 离心 3 min。小心去除上清液,用 MMG 溶液 2 mL 重悬原生质体。

10. 在 2 mL EP 管中加入 5～10 μg 质粒,再加入原生质体 100 μL,轻柔吸打混匀。

11. 加入 40% PEG 110 μL,迅速轻柔混匀,避免原生质体成团。

12. 28℃水浴 15 min,加入 W5 溶液 1.8 mL 重悬,并终止反应。450 g 离心 3 min。

13. 用移液器小心去除上清液,用 W5 溶液 2 mL 重悬原生质体。将原生质体转移至 12 孔细胞培养板中,用封口膜封好,28℃避光培养 12～16 h。

【结果与分析】

1. 观察转基因植物愈伤组织生长特征。
2. 进行 PCR 扩增产物电泳。
3. 观察转基因植株的 Southern 杂交检测结果。
4. 观察转基因植株的 Northern 杂交检测结果。

【参考文献】

1. 陈美琴. 2011. 拟南芥 AtNMD3 基因功能研究. 北京:北京大学生命科学学院.
2. 陈智山. 2016. 水稻雄蕊绒毡层分化基因 OsTGA10 的发现与功能研究. 北京:北京大学生命科学学院.
3. 吴乃虎. 2001. 基因工程原理(下册). 2 版. 北京:科学出版社,183—189.
4. 王关林,方宏筠. 2002. 植物基因工程. 2 版. 北京:科学出版社,112—226.
5. Doelling, Pikaard. 1993. Transient expression in *Arabidopsis thaliana* protoplasts derived from rapidly established cell suspension cultures. Plant Cell Reports,12:241—244.
6. Sheen J. 2002. A transient expression assay using *Arabidopsis* mesophyll protoplasts. http://genetics.mgh.harvard.edu/sheenweb/

4-3 植物发育研究中常用的染色方法

【实验目的】

掌握花粉染色的方法。

【实验原理】

花粉是高等植物的雄性配子体,在有性繁殖过程中起到传递雄性亲本的遗传信息的作用。花粉不仅是植物遗传、育种、进化、生殖的重要研究对象,也是孢粉分析、蜂群培育、药物制造、医疗及生理实验的重要材料。从事植物生殖生理研究及作物育种、栽培等工作,常需要测定花粉的育性,研究花粉的生活力和育性。研究花粉育性的快速测定方法,是进行雄性不育株的选育、杂交技术的改良以及揭示内外因素对花粉育性和结实率影响的基础。

花粉活力测定常用的方法有 I_2-KI 染色法、花粉的亚历山大染色和 GUS 染色。

1. I_2-KI 染色法。

多数植物正常花粉呈规则形状,如圆球形或椭球形、多面体等,并积累较多淀粉,通常 I_2-KI 可将其染成蓝色。发育不良的花粉常呈畸形,往往不含淀粉或积累淀粉较少,用 I_2-KI 染色,往往呈现黄褐色。因此,可用 I_2-KI 溶液染色法测定花粉活力。

2. 亚历山大染色法。

亚历山大染色液(Alexander stain)是一种植物花粉类染料,常用于细胞核染色,对于植物的成熟花粉,染色后会呈紫红色。Leagene Alexander 染色液主要由孔雀绿、酸性品红、苯酚等组成,pH 呈酸性,是很好的植物花粉粒的染色剂。

3. GUS 染色。

GUS 基因即为 β-葡萄糖苷酸酶基因。该基因产物为 β-葡萄糖苷酸酶,属水解酶类,以 β-葡萄糖苷酸酯类物质为底物,其反应产物可用多种方法检测出来。组织化学法检测以 5-溴-4-氯-3-吲哚-β-葡萄糖苷酸(X-Gluc)作为反应底物,将被检材料用含有底物的缓冲液浸泡。若组织细胞发生了 gus 基因的转化,并表达出 Gus,在适宜的条件下,该酶就可将 X-Gluc 水解生成蓝色产物。这蓝色的产生是由其初始产物经氧化二聚作用形成的靛蓝染料,它使具 Gus 活性的部位或位点呈现蓝色,用肉眼或在显微镜下可看到,且在一定程度下根据染色深浅可反映出 Gus 活性。因此利用该方法可观察到外源基因在特定器官、组织,甚至单个细胞内的表达情况。在课题研究过程中共培养后愈伤的瞬时表达、抗性愈伤的鉴定以及转基因植株的鉴定都可用 GUS 组织化学法测定。

【试剂与器材】

一、试剂

1. I_2-KI 染液:KI 0.5 g 溶于 1.25 mL 去离子水,加入碘片 0.25 g,再稀释至 75 mL。避光保存。

2. 亚历山大染色法常用试剂:

(1)亚历山大染色液:95%乙醇 10 mL,1%孔雀绿(95%乙醇配制)1 mL,蒸馏水 50 mL,甘油 25 mL,苯酚 5 g,水合三氯乙醛 5 g,1%酸性品红 5 mL,1%橙 G 0.5 mL,冰醋酸 1～4 mL,混合溶解。

(2)透明液:三氯乙醛:甘油:水按照 8:1:2 的体积比混匀。

3. GUS 染色常用试剂。

(1) 50 mmol/L 的磷酸钠缓冲液(pH 7.0):

① A 液:取 $NaH_2PO_4 \cdot 2H_2O$ 1.56 g 溶于蒸馏水,定容至 10 mL。

② B 液:取 $Na_2HPO_4 \cdot 12H_2O$ 3.582 g 溶于蒸馏水,定容至 10 mL。

取 A 液 4.23 mL 与 B 液 5.77 mL 混合,定容至 100 mL,调 pH 至 7.0(1×PBS)。

(2) 50 mmol/L 铁氰化钾母液:称取铁氰化钾 3.295 g,用蒸馏水定容至 200 mL。

(3) 50 mmol/L 亚铁氰化钾母液:称取亚铁氰化钾 4.224 g,用蒸馏水定容至 200 mL。

(3) 0.5 mol/L EDTA 母液(pH 8.0)。

(4) X-Gluc 储液:称取 X-Gluc 粉末 50 mg,溶于 1 mL 二甲基亚砜(Dimethylsulfoxide,DMSO)中,配成 50 mg/mL 储液,−20 ℃冻存。

(5) GUS 染色缓冲液储液:取 50 mmol/L 磷酸钠缓冲液(pH 7.0)80 mL,加入 50 mmol/L 铁氰化钾 1 mL、50 mmol/L 亚铁氰化钾 1 mL 和 0.5 mol/L EDTA(pH 8.0) 2 mL,再加入甲醇 20 mL 混匀,4 ℃避光保存。使用时取 X-Gluc 储液 20 μL,加入 1 mL GUS 染色缓冲液储液中,混匀配成 GUS 染色工作液。

(6) 透明液:三氯乙醛:甘油:水按照 8:1:2 的体积比混匀。

二、器材

显微镜,恒温箱,镊子,载玻片,盖玻片,毛笔,滤纸,培养皿,三角瓶,天平,烧杯,吸管。

【实验步骤】

一、I_2-KI 染色法[①]

取花粉期小花,在体视镜下解剖出花药,滴加 I_2-KI 溶液,快速捣碎花药释放花粉,显微镜下观察花粉并拍照。盖上盖玻片,于低倍显微镜下观察。凡被染成蓝色的为含有淀粉的活力较强的花粉粒,呈黄褐色的为发育不良的花粉粒。

二、花粉的亚历山大染色

吸取亚历山大染色液 100 μL 于 EP 管中,然后取相应时期的花放入 EP 管中使染液将其浸没,然后室温染色至少 8 h。之后于体视镜下将雄蕊解剖出来,置于载玻片上,滴上透明液封片,至少待 8 h 后显微镜下观察拍照。

三、GUS 染色

1. 染色:配制新鲜 X-Gluc 工作液,取待检测植物材料浸入染液中,用真空泵抽气至材料下沉;37 ℃避光放置 1~3 d,观察到蓝色 GUS 信号即可停止染色。

---

① 此法不能准确表示花粉的活力,也不适用于研究某一处理对花粉活力的影响。因为核期退化的花粉已有淀粉积累,遇 I_2-KI 呈蓝色反应。另外,含有淀粉而被杀死的花粒遇 I_2-KI 也呈蓝色。

2. 脱水：从 37℃恒温箱中取回材料，倒出染色液，按照如下试剂梯度进行实验：
30％乙醇 4～5 h→50％乙醇 4～5 h→70％乙醇 4～5 h→80％乙醇 4～5 h→95％乙醇 4～5 h→100％乙醇 4～5 h。

3. 最后换到透明液中，浸泡过夜，即可在显微镜或体视镜下观察染色深浅状况。

【结果与分析】
在显微镜或体视镜下观察染色深浅状况。

【注意事项】
1. 染色结束后，应立即显微镜下观察。
2. 为了安全和健康，请戴一次性手套操作。

【参考文献】
1. 赵峰. 2014. 拟南芥雄蕊中生殖细胞诱导发生的调控机制研究. 北京：北京大学生命科学学院.
2. 陈智山. 2016. 水稻雄蕊绒毡层分化基因 *OsTGA10* 的发现与功能研究. 北京：北京大学生命科学学院.

4-4　拟南芥转基因技术

【实验目的】
掌握拟南芥的基因转化技术。

【实验原理】
目前已发展了许多用于植物基因转化的方法，这些方法可分为三大类：第一类是载体介导的转化方法，即将目的基因插入到农杆菌的质粒或病毒的 DNA 等载体分子上，随着载体 DNA 的转移而将目的基因导入到植物基因组中。农杆菌介导和病毒介导法就属于这种方法。第二类为基因直接导入法，是指通过物理或化学的方法直接将外源目的基因导入植物的基因组中。物理方法包括基因枪转化法、电激转化法、超声波法、显微注射法和激光微束法等；化学方法有 PEG 介导转化方法和脂质体法等。第三类为种质系统法，它包括花粉管通道法、生殖细胞浸染法、胚囊和子房注射法等。

在植物转基因技术的发展中，研究最清楚和应用最成功的是根癌农杆菌介导的遗传转化。该方法具有转基因低拷贝、遗传稳定、转化效率高以及能转化大片段 DNA 等优点，因此已被广泛应用于转化双子叶植物、单子叶植物、裸子植物等。花序浸泡法在拟南芥中得到很好的应用,它采取整株感染方法而省去了组织培养的烦琐步骤,克服了某些植物再生的困难,现已成为转化拟南芥的常用方法。它以拟南芥刚开花植株通过真空渗入农杆菌而直接作用于胚珠的方法,在经处理的每个植株的后代中可以得到转化植株。该方法经改造后省去真空渗入,将发育中的花组织直接浸入含 5% 蔗糖和 300 μL/L 表面活性剂 Silwet L-77 的农杆菌液中,在其后代中就可获得高频率的转化植株(Bent,2000)。

【试剂与器材】

一、试剂

1. 培养基:

(1) MS 培养基:购买现成的培养基按照试剂配方配制即可。

(2) LB 培养基:蛋白胨 10 g/L,酵母浸出物 5 g/L,NaCl 10 g/L,调 pH 至 7.0~7.2,定容,高压蒸汽灭菌 15~20 min。固体培养基加入 1.5% 的琼脂。

(3) 分化培养基:MS + 0.05 mg/L NAA + 1.0 mg/L 6-BA。

(4) 生根培养基:MS + 0.1 mg/L NAA 或 IBA。

2. 植物 DNA 提取液:Tris-HCl(pH 8.0) 100 mmol/L,EDTA(pH 8.0) 5 mmol/L,NaCl 500 mmol/L,SDS 1.25%。

3. TE 缓冲液:10 mmol/L Tris-HCl(pH 7.4),5 mmol/L EDTA。

4. 异硫氰酸胍裂解液:4 mol/L 异硫氰酸胍,25 mmol/L 柠檬酸钠(pH 8.0),0.5% SDS,0.1 mol/L 巯基乙醇。

5. 转化缓冲液(1 L):MS 粉末 2.2 g,蔗糖 50 g,用 KOH 调 pH 至 5.7,加入 1 mg/mL 6-苄氨基嘌呤(6-BA) 10 μL 和 Silwet L-77 200 μL。

二、器材

超净工作台,高速离心机,紫外分光光度计,摇床,磁力搅拌器,恒温培养箱,涡旋振荡器,灭菌离心管(50 mL,1.5 mL),灭菌三角瓶(200 mL,250 mL),无菌培养皿,玻璃涂布器,封口膜,高压灭菌锅,紫外/可见分光光度计,PCR 扩增仪,电泳仪及水平电泳槽,紫外投射仪,光照培养箱。

【实验步骤】

一、农杆菌电击转化感受态细胞制备

1. 将构建好的带有外源基因的表达质粒经冻融法转化农杆菌,PCR 和酶切检查并经测序鉴定无误后摇床培养。挑取少量的农杆菌 GV3101 于 5 mL LB 培养基,放入 28℃ 摇床中活化过夜。

2. 将过夜培养的农杆菌转接入 800 mL LB 培养基中,28℃ 培养至 A_{550} 约为 1.0。

3. 4℃ 3000 g 离心 10 min,弃上清液。

4. 用 200 mL 预冷的 10％甘油重悬菌体沉淀,4℃ 3000 g 离心 10 min,弃上清液。

5. 用 15 mL 预冷的 10％甘油重悬菌体沉淀,4℃ 3000 g 离心 5 min,弃上清液。

6. 用 0.5 mL 预冷的 10％甘油重悬菌体沉淀,终体积约为 0.75 mL。50 μL/管分装后冻存于−80℃备用。

二、电击转化农杆菌

1. 冰上溶解−80℃冻存的感受态细胞,加入 100 ng 待转化的质粒 DNA,轻轻敲击管壁以混匀。同时将电击杯(Bio-Rad,宽度 0.1 cm)放冰上预冷。

2. 使用 Bio-Rad GenePulser Xcell™ PC Module 电击仪进行电击,选择预设的农杆菌程序：$V=2.4$ kV,$C=25$ μF,$PC=200$ Ω,电击杯参数设为 0.1 cm。

3. 将混合入待转化质粒 DNA 的感受态农杆菌加入电击杯,轻弹杯壁使液体流至电击杯底部。

4. 将电击杯放入电击槽中,按"pulse"电击。电击完毕,电击仪上显示电击曲线和电击电压(约 2.4 kV)、电击时间(5 ms)。

5. 迅速用 1 mL 常温 LB 培养基将电击杯中的农杆菌转移至 1.5 mL EP 管中。28℃摇床 250 r/min 振荡培养 3 h。

6. 涂适量菌液于含硫酸庆大霉素、利福平和质粒抗性的 LB 固体培养基上,28℃恒温倒置培养至菌落长出。

7. 挑取单菌落于含硫酸庆大霉素、利福平和质粒抗性的液体 LB 培养基中,放入 28℃摇床中培养过夜。取菌液 1 μL 进行菌落 PCR 鉴定,确保质粒转入农杆菌。

8. 将阳性克隆加入终体积为 25％的甘油,冻存于−80℃。

三、花序浸泡法转化拟南芥

花序浸泡法转化拟南芥流程参照 Clough 和 Bent 的方法(1998),略有改动。

1. 挑取−80℃保存的农杆菌于少量 LB 培养基中,在 28℃摇床中活化过夜。

2. 将菌液按 1∶100 的比例转接入新的 500 mL LB 培养基中,28℃摇床中培养至 A_{600} 达 1.2~1.6。室温,5000 r/min 离心 15 min,弃上清液。

3. 用同等体积的转化缓冲液重悬菌体。

4. 取抽苔不久有很多未开放花苞的拟南芥植株进行侵染,转化前给植株充足浇水,去除开放的花及角果。

5. 将植株倒置泡入转化缓冲液重悬的农杆菌中,保证植株基生叶以上部分都被浸没,浸泡侵染 10~15 min。

6. 取出植物,侧放,室温暗培养 24 h。注意横放时不能使植物的叶子、花序等器官碰到盘壁,以免污染。

7. 24 h 后去掉遮盖物,按照正常条件直立培养。转化后的 6~7 天里塑料膜做桶状将培养杯分隔开培养,上盖一层保鲜膜,继续分隔培养。待开花结实后,收集 T_0 代种子。

8. 将 T_0 代种子灭菌后种于含载体上带有植物抗性的 MS 培养基上,筛选阳性苗。

转基因阳性植株的筛选:将干燥后的 T_0 代种子播种于含相应抗生素的 $0.5×MS$ 上,每皿 500 粒左右。只有含外源片段的转基因植株才能在相应抗生素选择培养基上生长。

9. 转基因阳性植株的鉴定。

(1) PCR 鉴定:进行 PCR 引物设计时,特意让 PCR 引物对中至少有一条序列跨越一个内含子,这样只有整合有目的 cDNA 序列的转基因阳性株中才能扩增出特定大小的目的条带。

(2) 报告基因检测:在构建的转基因表达质粒中具有 35S 启动子驱动的 *GUS*、*GFP* 等报告基因,因此可以用 X-Gluc 染色的组织化学方法和荧光激发来检测转基因植株。

【结果与分析】

转基因苗长大、收获种子后,重新播种培养进行抗生素和基因检测。

【注意事项】

1. 把拟南芥(*Arabidopsis thaliana*)倒置后整株浸泡在农杆菌菌液中,一定要注意在没有开花前浸泡,并把那些开了的花序剪掉。

2. 侵染完后需避光保湿。

【参考文献】

1. 陈文倩.2012.拟南芥组蛋白去乙酰化酶 HDA 19 调控根表皮细胞分化模式的机制研究.北京:北京大学生命科学学院.

2. 赵峰.2014.拟南芥雄蕊中生殖细胞诱导发生的调控机制研究.北京:北京大学生命科学学院.

4-5 基因枪介导转化法

【实验目的】

了解和掌握植物转基因技术的原理和方法,以及转基因植物的筛选和鉴定的基本过程。

【实验原理】

基因枪介导转化法(Gene gun mediated transformation)是依赖高速度的金属颗粒将外源基因引入活体细胞的一种转化技术。利用火药爆炸、高压气体加速、低压气体加速(这一加速设备被称为基因枪),将包裹了带目的基因的 DNA 溶液的高速微弹直接送入完整的植物或动物组织和细胞中。通过细胞和组织培养技术,可再生出植株,它是继农杆菌介导转化法之后又一应用广泛的遗传转化技术。这种方法操作简单,效率高,适应性强。不受细胞、组织或器官类型的限制,此外,其目标命中率高,因此格外受重视。与农杆菌转化相比,该方法得到了广泛应用,因其具有如下优点:①无宿主限制,无论是单子叶植物和双子叶植物都可以应用;②可控度高,操作简便迅速,商品化的基因枪都可以根据实验需要调控微弹的速度和射入浓度,命中特定层次的细胞;③受体类型广泛,原生质体、叶圆片、悬浮培养细胞、茎、根以及种子的胚、分生组织、愈伤组织、花粉细胞、子房等几乎所有具有分生潜力的组织或细胞都可以用基因枪进行轰击;④可将外源基因导入植物细胞的细胞器,并可得到稳定表达。正因为基因枪这些优点,使基因枪成功地应用于植物基因转化,特别是单子叶植物的转化、外源基因导入植物细胞器等。

基因枪转化的基本步骤:①受体细胞或组织的准备和预处理;②DNA 微弹的制备;③受体材料的轰击;④轰击后外植体的培养和筛选。

【试剂与器材】

一、试剂

1. 溶液 I:50 mmol/L 葡萄糖,25 mmol/L Tris-HCl(pH 8.0),10 mmol/L EDTA(pH 8.0)。定容后加入 RNase 于 4℃保存。

2. 溶液 II:0.2 mol/L NaOH,1%SDS。

3. 溶液 III:5 mol/L 乙酸钾 60 mL,冰乙酸 11.5 mL,定容至 100 mL。

4. 溶液 IV:13%聚乙二醇(PEG8000),1.6 mol/L NaCl。

二、器材

超净工作台,高速离心机,紫外分光光度计,摇床,磁力搅拌器,恒温培养箱,涡旋振荡器,灭菌离心管(50 mL,1.5 mL),灭菌三角瓶(200 mL,250 mL),无菌培养皿,玻璃涂布器,封口膜,高压灭菌锅,紫外/可见分光光度计,PCR 扩增仪,电泳仪及水平电泳槽,紫外投射仪,光照培养箱。

【实验步骤】

本流程参考北京大学生物技术楼基因枪操作流程,略有改动。仪器:Bio-Rad 公司的 MODEL PDS-1000/He BIOLISTIC® PARTICLE DELIVERY SYSTEM。

一、碱裂解法大量提取质粒 DNA(同时纯化)

1. 挑取少量−80℃保存于甘油中的 *E. coli* 于 80 mL LB 液体培养基中,37℃摇床培养过夜至对数生长晚期。

2. 将菌液分装至两个 50 mL 干净离心管中,室温,8000 g 离心 5 min,弃上清液。

3. 用 5 mL 溶液 I 重悬,将两管细菌合并。加溶液 II 8 mL,颠倒混匀。加溶液 III 6 mL,轻微振荡混匀。12 000 g 离心 5 min,弃沉淀;将上清液转移到另一离心管中,重复离心一遍(上清液约 20 mL)。

4. 加入 60% 体积异丙醇(约 12 mL),颠倒混匀后,室温静置 5 min。12 000 g 离心 5 min,弃上清液。将沉淀溶解于 800 μL TE 溶液中,转移至 2 mL 离心管。

5. 加入 1/2 体积 Tris 饱和酚(约 400 μL)、1/2 体积氯仿-异戊醇(24∶1)混合液(约 400 μL),剧烈振荡混匀。4℃、12 000 g 离心 5~10 min,小心吸取上层液体(约 700 μL)至 1.5 mL 离心管。加入等体积溶液 IV(约 700 μL),颠倒混匀,冰上静置 2 h。4℃、12 000 g 离心 10 min,小心倒掉上清液。

6. DNA 沉淀用 70% 乙醇充分洗涤,4℃、12 000 g 离心 5 min,小心倒掉上清液。将沉淀晾干,用 ddH_2O 20 μL 溶解。取 1 μL 检测浓度,剩余暂冻于 −20℃。

二、基因枪转化

1. 121℃、0.1 MPa 灭菌大膜、铁丝网、50% 甘油等溶液和器具。

2. 处理金粉:称取金粉 60 mg 置于 1.5 mL 离心管中,加入 70% 乙醇 1 mL,剧烈振荡 1~2 min。12 000 r/min 离心 2 min,弃上清液。加入无菌水 1 mL,剧烈振荡。10 000 r/min 离心 2 min,弃上清液。如此用无菌水再重复洗 2 次。将金粉悬浮于 1 mL 50% 甘油中,剧烈振荡。暂存于 4℃。

3. 将基因枪各部件用 70% 乙醇浸泡,处理 0.5 h 以上。

4. 买绿色或白色洋葱,将洋葱鳞茎的外面几层去掉,只留中心 3 层,剥取近轴面表皮细胞层,铺放在固体 MS 培养基上,注意避免撕下叶肉细胞。表皮要贴紧培养基,可略有叠放。将培养基放入室温避光培养数小时。

5. 将小膜浸入 70% 乙醇中消毒几秒钟,放入干净平皿中风干。将基因枪各部件取出放入干净平皿中风干。

6. 将金粉充分振荡悬浮 5 min,取金粉悬浮液 17 μL(约用枪吸两次的量),依次加入 1~1.5 μg/μL 质粒 DNA 2 μL,2.5 mol/L CaCl_2 17 μL,0.1 mol/L 亚精胺 6.8 μL。边加边振荡混匀。将混合物充分振荡 5 min,置于室温 5~20 min。短暂离心(即转即停,1 s 即可),弃上清液。

7. 加入 70% 乙醇 140 μL,敲打管壁以悬浮金粉,短暂离心去上清液;加入无水乙醇 140 μL,敲打管壁悬浮金粉,短暂离心去上清液。加入无水乙醇 12 μL,敲打管壁以悬浮金粉。

8. 如下排布器具:

(1) 将大膜放入铁箍中,用红帽轻压至平。每张大膜上点上含金粉的乙醇 6 μL,风干。注意:样品点在大膜靠近铁箍里面的一侧。

(2) 将铁丝网放入架子中央洞里的卡口内。铁丝网放入之后注意不要再剧烈晃动。将铁箍的内面向里,扣在架子的洞口,用大螺母旋紧,固定,上架至第二格。

(3) 将小膜放入轰击口架子的卡口内,将轰击架子拧紧。

(4) 把培养皿放在支架上,放入第四格。此时洋葱距离大膜9 cm,这个距离可以根据实验结果进行调整。

9. 如下操作仪器:

(1) 开启 power,打开氦气压力泵至"on",打开氦气阀,把压力指数旋到1100以上。

(2) 打开真空,数值上升至 25 inches Hg 时,将 VAC 键转到 HOLD 位置。按住 fire 按钮,压力上升至约 950 inches Hg,小膜将被爆破,压力很快自动弹落至0。松开 fire 钮放气,等压力、真空都降至0以后将平皿取出。

(3) 更换铁丝网、大膜、小膜,再打一枪。

(4) 打完之后,先把氦气阀拧紧,压力旋钮放松,放气后再旋紧,让两个压力表平衡。再次松开旋钮放气,重复直至两个压力指数都降至0左右。

10. 将培养皿室温避光培养24~36 h 后,在荧光显微镜下进行观察。

【结果与分析】

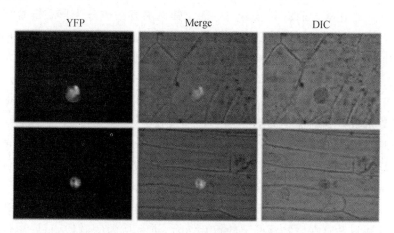

图 4-5-1 通过基因枪介导转化法将一个在细胞核表达的基因注射进洋葱表皮的结果

(赵峰,2014)

【注意事项】

1. 不同浓度的 $CaCl_2$ 对基因瞬时表达和稳定表达的影响。
2. 添加亚精胺溶液与未加亚精胺的轰击对基因瞬间表达影响不大。
3. 太高的氦气压力会对细胞造成不可逆的损伤。
4. 轰击次数对愈伤组织转化的影响很小。

5. 细胞处于不同的生理状态，初生愈伤组织细胞的结构紧密，细胞核大、质浓，而继代 3 个月后的愈伤组织逐渐老化，细胞液泡化程度高。

【参考文献】

赵峰. 2014. 拟南芥雄蕊中生殖细胞诱导发生的调控机制研究. 北京：北京大学生命科学学院.

4-6　石蜡切片植物组织中 DNA 片段化的 TUNEL 检测

【实验目的】

掌握检测植物组织中的 DNA 损伤的方法。

【实验原理】

凋亡是一种不同于坏死的细胞死亡方式，是细胞受基因调控的一种自然死亡过程。细胞凋亡在形态学、生化等方面有其显著的特征。其检测方法也分为形态学观察、DNA 片段化的凝胶电泳分析、凋亡相关酶学及流式细胞术等。细胞凋亡中染色体 DNA 的断裂是个渐进的分阶段的过程，染色体 DNA 首先在内源性的核酸水解酶的作用下降解为 $50 \sim 300$ kb 的大片段。然后大约 30% 的染色体 DNA 在 Ca^{2+} 和 Mg^{2+} 依赖的核酸内切酶作用下，在核小体单位之间被随机切断，形成 $180 \sim 200$ bp 核小体 DNA 多聚体，在琼脂糖凝胶上这些 DNA 片段可以形成规则的梯子形条带。

DeadEndTM Colorimetric Apoptosis Detection System（Promega Corporation, USA）采用的就是 TUNEL 检测在原位检测 DNA 片段化的状况。DNA 发生片段化后，暴露出很多 $3'$-OH 末端，在末端脱氧核苷转移酶（TdT）的催化下，生物素标记的核苷（biotinylated nucleotide）（多为 dUTP）可以连接到这些 $3'$-OH 末端，随后，辣根过氧化物酶（HRP）标记的 Streptavidin 又可以和这些生物素标记的核苷结合，进行检测的时候，只要用过氧化物酶的底物过氧化氢和媒染染料 DAB 染色，发生 DNA 片段化的细胞核就会被染成暗褐色，再通过酶联显色或荧光检测可定量分析结果。由于正常的或正在增殖的细胞几乎没有 DNA 的断裂，因而没有 $3'$-OH 形成，很少能够被染色。

【试剂与器材】

一、试剂

1. 0.3% 的过氧化氢，无水乙醇（分析纯），二甲苯（分析纯），切片石蜡，多聚赖氨酸。
2. 多聚甲醛固定液（100 mL）：多聚甲醛 4 g 加纯净水 50 mL，加入一定量 NaOH，然后放入 65℃烘箱至多聚甲醛溶解；冷却，加 25％戊二醛 10 mL，加 0.2 mol/L PBS 定容至 100 mL。

3. 10×PBS(多聚甲醛固定用，FAA 固定不用)：NaCl 80 g，KCl 2 g，Na_2HPO_4 14.4 g，KH_2PO_4 2.4 g，pH 7.4，加 ddH_2O 至 1 L，灭菌。

4. FAA 固定液：乙醇 50 mL，冰醋酸 5 mL，37％甲醛溶液(市售福尔马林)10 mL，Triton X-100 50 μL，用水定容至 100 mL。

5. 甘油蛋白粘片剂：蛋白 50 mL，甘油 50 mL，水杨酸钠(防腐剂)1 g。具体制备方法参见实验 1-1。

6. 工作液：

(1) DAB 工作液(临用前配制)：20×DAB 5 μL，30％H_2O_2 1 μL，PBS 94 μL。

(2) 蛋白酶 K 工作液：在 10 mmol/L Tris/HCl 中加入蛋白酶 K，使其浓度为 10～20 μg/mL，pH 7.4～8.0。

二、器材

真空泵，切片机，展片台，蜡台，电热恒温箱，光学显微镜，刀片，镊子，烧杯，染色缸，载玻片，盖玻片，解剖针，湿盒(塑料饭盒与纱布)。

【实验步骤】

1. 洗净的载玻片用多聚赖氨酸涂片后烘干备用。
2. 植物材料的固定、包埋、切片、脱蜡按常规程序进行。
3. 脱蜡后的切片浸入 100％乙醇处理 5 min，然后用 100％乙醇浸洗 3 min。
4. 通过 95％，85％，70％和 50％的乙醇梯度处理，每个梯度 3 min，然后，用 0.85％的 NaCl 溶液处理 5 min，并用 PBS 处理 5 min。
5. 将切片用 4％多聚甲醛(PBS 配制)固定 15 min 后，PBS 漂洗两次，每次 5 min。
6. 将切片上的液体尽量甩净，用 PAP 疏水笔将切片上的植物组织框定后滴加 20 μL/mg 蛋白酶 K(PBS 稀释)100 μL，用表面粗糙的一次性手套薄膜将材料覆盖后处理 20 min，然后将切片用 PBS 漂洗 5 min。
7. 切片在 4％多聚甲醛(PBS 配制)中再固定 15 min 后，PBS 漂洗两次，每次 5 min。

(如要做正对照，可在此步骤后将材料用 DNase Ⅰ 处理：DNase Ⅰ 缓冲液 100 μL 处理 5 min，尽量将缓冲液甩干，然后在材料上滴加 1 U/mL DNase Ⅰ 100 μL，处理 10 min，尽量将液体甩干后用去离子水漂洗 4 次，每次 3 min。注意：在以下的步骤中，正对照与其他切片不要在同一染色缸中处理。)

8. 尽量甩干切片上的液体，向材料上滴加平衡缓冲液 100 μL 并平衡 10 min。
9. 平衡后将平衡缓冲液甩干，并滴加 TdT 反应液(平衡缓冲液：生物素标记的核苷混合物：TdT 酶＝98∶1∶1)100 μL，用表面粗糙的一次性手套薄膜将材料覆盖后，置于湿盒中37℃进行末端标记反应60 min。

（如果需要负对照，可在此步进行，只要将TdT反应液中的TdT酶换成同量的无菌去离子水即可。）

10. 反应后的切片在2×SSC中处理15 min后，用PBS漂洗3次，每次5 min，以除去多余的生物素标记的核苷。

11. 用0.3%的过氧化氢处理5 min，以封闭材料中的内源过氧化物酶，然后用PBS漂洗3次，每次5 min。

12. 将辣根过氧化物酶（HRP）标记的Streptavidin用PBS稀释500倍后，取100 μL滴加至材料上，用表面粗糙的一次性手套薄膜将材料覆盖后在湿盒中处理30 min，然后用PBS漂洗3次，每次5 min。

13. 配制DAB染色液（去离子水：20×底物缓冲液：20×DAB媒染染料：20×过氧化氢＝85∶5∶5∶5），向材料上滴加DAB染色液100 μL进行染色，直至在材料的位置上出现浅褐色背景，将切片浸入去离子水终止反应，并漂洗几次；乙醇脱水、二甲苯透明后封片。

14. 实验也可以使用Roche荧光标记试剂盒：载玻片上加TUNEL反应液50 μL（现配：50 μL酶溶液＋450 μL标记溶液）。用手套封片，放入湿盒，37℃暗中孵育1 h。用1×PBS洗3次，每次5 min。往载玻片上加入PI 50 μL（500 μL溶液含PI 10 μL和Annexin 5 μL），盖上盖玻片，显微镜下荧光观察，拍照。

注意：如无特殊说明，各步骤的处理温度均为室温。

【结果与分析】

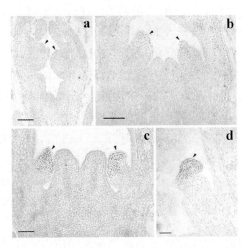

图4-6-1 利用DAB染色方法检测黄瓜雌花雄蕊中的DNA片段化

（Hao Y J, et al, 2003）

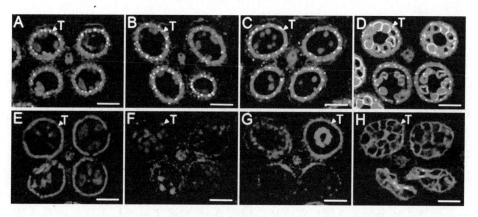

图 4-6-2　利用荧光检测野生型水稻和 tdr 突变体中的 DNA 片段化

（陈智山，2016）

【注意事项】

1. 进行 PBS 清洗时，每次清洗 5 min。

2. 在载玻片的样本上滴加实验用反应液后，盖上盖玻片或保鲜膜，或将载玻片放入湿盒中进行反应，这样可以使反应液均匀分布于样本整体，又可以防止反应液干涸造成实验失败。

3. TUNEL 反应液临用前配制，短时间在冰上保存。不宜长期保存，长期保存会导致酶活性丧失。

4. 荧光素标记的 dUTP 液含甲次砷酸盐和二氯钴等致癌物质，可通过吸入、口服等途径进入人体内，注意防护。

5. TUNEL 反应液临用前配好后，放至冰上直至使用。

【参考文献】

1. Hao Y J，Wang D H，Peng Y B，et al. 2003. DNA damage in early primordial anther is closely correlated with the stamen arrest in female flower of cucumber (*Cucumis sativus* L.). Planta，217(6)：888—895.

2. 陈智山. 2016. 水稻雄蕊绒毡层分化基因 *OsTGA 10* 的发现与功能研究. 北京：北京大学生命科学学院.

4-7 体外磷酸化实验

【实验目的】

掌握鉴定蛋白质磷酸化的可靠方法。

【实验原理】

真核生物的基因组 DNA 被大量的核蛋白包装，共同组成染色质。染色质的基本结构是核小体，由 4 种组蛋白构成，每一种组蛋白各二个分子，形成一个组蛋白八聚体，约 200 bp 的 DNA 分子盘绕在组蛋白八聚体构成的核心结构外面，形成了一个核小体。细胞内除了遗传信息以外的其他可遗传物质发生的改变，且这种改变在发育和细胞增殖过程中能稳定随细胞的有丝分裂和(或)减数分裂遗传下去的现象称为 epigenetics，即表观遗传学。表观遗传学的研究主要包括三个方面，即 DNA 甲基化、染色质调控(包括共价和非共价修饰)和非编码(non-coding)RNA 调控(Goldberg, et al, 2007)。

染色质相关的基因表达调控包括组蛋白的翻译后共价修饰、ATP 依赖的染色质重构和组蛋白变体的替换。这些作用方式虽然不同，但是都会影响核小体以及染色质的结构，改变转录因子和 RNA 聚合酶对 DNA 的趋近，从而调控转录的进行。核心组蛋白 N 端的尾巴可以被多种基团修饰，如甲基化、乙酰化、磷酸化、泛素化、类泛素化以及 ADP 核糖基化等，不同的修饰具有广泛的生物学功能。蛋白质磷酸化是一种最常见、最重要的蛋白质翻译后修饰方式，磷酸化修饰是蛋白质组研究的热点和难点。研究表明，真核细胞中大约 30% 的蛋白经过磷酸化修饰，蛋白激酶将磷酸基团从 ATP 转移到蛋白多肽底物的丝氨酸、苏氨酸或酪氨酸残基上，直接影响着目标蛋白的活性和功能。蛋白质通过磷酸化与去磷酸化，参与和调控生物体内的许多生命活动，如调控信号转导、基因表达、细胞周期等诸多细胞过程。随着蛋白质组学技术的发展和应用，蛋白质磷酸化的研究越来越受到广泛的重视，建立鉴定蛋白质磷酸化的可靠方法具有重要意义。

蛋白磷酸激酶是能催化磷酸基团从磷酸供体转移到受体蛋白的酶，通常 ATP 的 γ 位磷酸(或其他三磷酸核苷)为供体。国际生物化学联合会根据受体氨基酸的特异性，将蛋白激酶分为以下几类：

(1) 以蛋白乙醇基作为受体的磷酸转移酶称为蛋白丝氨酸或苏氨酸激酶；

(2) 以苯基为磷酸受体的磷酸转移酶称为蛋白酪氨酸激酶；

(3) 以 His, Arg 或 Lys 为受体的磷酸转移酶称为蛋白组氨酸激酶；

(4) 以 Cys 残基作为受体的磷酸转移酶称为蛋白半胱氨酸激酶；

(5) 以乙酰基作为受体的磷酸转移酶称为天冬或谷氨酰胺激酶。

蛋白激酶活性分析分为 A、B 两步：

A. 末端标记的三磷酸核苷核供体(通常是 ATP，有时用 GTP)中的磷酸基团转移到蛋白质或肽底物上；

  B. 将磷酸化的底物分离出并进行定量分析。

【试剂与器材】

一、试剂

  1. 激酶缓冲液：20 mmol/L Hepes，pH 7.5，10 mmol/L $MgCl_2$，1 mmol/L DTT。

  2. 10×反应缓冲液（1 mL）：0.5 mol/L HEPES（pH 7.5）200 μL，1 mol/L $MgCl_2$ 100 μL，1 mol/L DTT 10 μL，补水至 1 mL。

  3. 1 mmol/L ATP：将 100 mmol/L ATP 用 16 mmol/L Tris-HCl（pH 6.5）溶液稀释 100 倍。

  4. 裂解液：50 mmol/L Tris-HCl（pH 7.4），150 mmol/L NaCl，1 mmol/L EDTA，1% Triton X-100。

  5. 甘氨酸-HCl 溶液：100 mmol/L 甘氨酸，用 HCl 调 pH 3.5。

  6. TBS 缓冲液：10 mmol/L Tris-HCl（pH 7.4），150 mmol/L NaCl。

  7. flag 小肽储液（5 mg/mL）：flag 小肽粉末中加入 TBS 缓冲液 800 μL，完全溶解后分装，每管 80 μL。

  8. 柱料保存缓冲液：50% 甘油，0.02% 叠氮化钠，用 TBS 缓冲液配制。

  9. 1 mg/mL BSA：BSA 100 mg，去离子水 10 mL。

  10. 考马斯亮蓝 G250：考马斯亮蓝 G250 100 mg，95% 乙醇 50 mL，85% 磷酸 100 mL，定容至 1 L。

二、器材

  水浴锅，电泳及转膜设备，胶片，洗片机，刀片，镊子，烧杯，染色缸，载玻片，盖玻片，解剖针。

【实验步骤】

一、MPKK9DD-flag 蛋白诱导纯化

  1. 诱导：0.1 mmol/L IPTG，20℃ 诱导过夜。诱导菌液共约 80 mL。

  2. 取 40 mL，离心收集菌体，用裂解液 3 mL 重悬菌泥。裂解完全后，4℃，12 000 g 离心 15 min，取上清液，分装在两个 2 mL EP 管中。重复离心一次，取上清液待用。

  3. 吸取柱料树脂 200 μL 到 1.5 mL EP 管中（10 μL 树脂可结合不少于 1 μg 的带 flag-tag 的蛋白），室温 5000 g 离心 1 min，弃上清液。

  4. 加入 TBS 缓冲液 500 μL，轻轻涡旋振荡，重复离心一次，弃上清液。

  5. 加入步骤 2 中的上清液约 1.5 mL，4℃ 颠倒混匀 1 h；4℃，5000 g 离心 2 min，弃上清液。再加入步骤 2 中剩余的上清液约 1.5 mL，再次 4℃ 颠倒混匀 1 h；4℃，5000 g 离心 2 min，弃上清液。

  6. 加入 TBS 缓冲液 500 μL 重悬，室温 5000 g 离心 1 min，弃上清液。重复一次。

7. 加入 TBS 缓冲液 100 μL 重悬,再加入 flag 小肽储液 2 μL,4℃颠倒混匀 30 min。

8. 室温 5000 g 离心 1 min,取上清液,即得到 MPKK9DD-flag 蛋白,于 4℃保存。

9. 柱料树脂再生:加入甘氨酸-HCl 500 μL,室温轻轻摇晃 5 min 后,5000 g 离心 1 min,弃上清液。再分别加入 TBS 缓冲液 500 μL 洗 3 次,每次轻轻涡旋振荡,室温 5000 g 离心 1 min 后小心吸去上清液。最后加入 柱料保存缓冲液 500 μL,−20℃长期保存。

二、Bradford 法测定蛋白浓度

1. 根据表 4-7-1 配制不同浓度的 BSA:

表 4-7-1　不同浓度 BSA 配方

BSA 终浓度/(mg/mL)	0	0.5	1	2	4	8	10
1 mg/mL BSA/μL	0	1	1	1	1	1	1
dH$_2$O	10	19	9	4	1.5	0.25	0

2. 分别将上述各浓度 BSA 1 μL 加入 999 μL 考马斯亮蓝染液中,混匀,反应 5 min 以上,测 A_{595},做标准曲线。

3. 将目的蛋白样品 1 μL 加入 999 μL 考马斯亮蓝染液中,混匀,反应 5 min 以上。利用标准曲线确定目的蛋白浓度。

三、体外磷酸化反应

按照如下体系进行反应(100 μL):

	反应①	反应②	反应③	反应④
MPKK5/9DD-flag	—	0.8 μg	—	0.8 μg
His-MPK3	—	—	8 μg	8 μg
10×反应缓冲液	10 μL	10 μL	10 μL	10 μL
1 mA ATP	5 μL	5 μL	5 μL	5 μL
去离子水		分别补水至 100 μL 体积		

25~30℃温育 40 min。

1. 在微量离心管中加入纯化的 MKK5DD-FLAG 重组蛋白 0.8 μg,加入 MPK6-HIS 蛋白 8 μg,在含有 50 mmol/L ATP 的激酶缓冲液中 22℃孵育 90 min。

2. 孵育后从 100 μL 反应液中取出 20 μL,加入底物-HIS 重组蛋白 16 μg,加入 0.1 μCi [γ-^{32}P] ATP、25 mol/L ATP 以及激酶缓冲液,22 ℃孵育 15 min。

3. 加入 4×上样缓冲液,100 ℃煮沸 5 min,在 10%聚丙烯酰胺凝胶中电泳,电泳结束后将胶块染色 30 min,脱色 10 min。

4. 将胶放于两层大小适中的滤纸上,用保鲜膜包裹好,置于放射自显影匣中过夜。

【结果与分析】

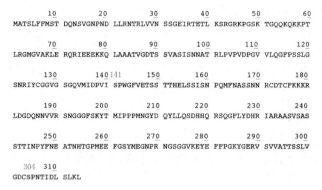

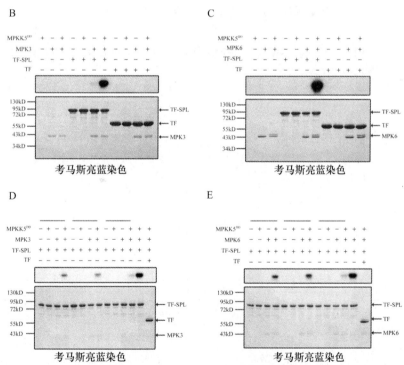

图 4-7-1　MPK3/6 可以体外磷酸化 SPL 蛋白(赵峰,2014)

A. SPL 蛋白上存在潜在的 MAPK 磷酸化位点;B,C. MPK3(B)及 MPK6(C)在 MPKK5DD 激活的条件下分别可以体外磷酸化 SPL;D,E. MPK3(D)及 MPK6(E)在 MPK5DD 激活的条件下分别可以体外磷酸化 SPL 上的 141 位及 304 位丝氨酸。

【注意事项】

1. 要在裂解缓冲液中加入蛋白酶抑制剂和一定量的磷酸酶抑制剂。
2. 加一抗后最好 4℃ 过夜,保证抗体有充分的结合时间。
3. 磷酸化抗体的好坏是一个关键因素,所以要选择好的厂商。最好根据厂商的实验手册来操作实验,这是实验成功的保证。抗体的稀释倍数也要适当。

【参考文献】

1. 刘斌,宋宜,董燕,孙志贤. 2003. 蛋白质体外磷酸化方法的建立。生物化学与生物物理进展,30(1):204—207.
2. 陈文倩. 2012. 拟南芥组蛋白去乙酰化酶 HDA 19 调控根表皮细胞分化模式的机制研究. 北京:北京大学生命科学学院.
3. 赵峰. 2014. 拟南芥雄蕊中生殖细胞诱导发生的调控机制研究. 北京:北京大学生命科学学院.
4. 李东旭. 2014. HDA6 和 MPK3 调控拟南芥根表皮细胞分化模式形成的机制研究. 北京:北京大学生命科学学院.